Neue Wildnis Deutschland

Micha Dudek

Neue Wildnis Deutschland

Wolf, Luchs und Biber
kehren zurück

 THORBECKE

Für Ronja Hermine Maja, in der Hoffnung,
sie möge in einer artenreicheren Welt aufwachsen.

Mix
Produktgruppe aus vorbildlich
bewirtschafteten Wäldern, kontrollierten
Herkünften und Recyclingholz oder -fasern
Product group from well-managed
forests, controlled sources and
recycled wood or fibre
www.fsc.org   Zert.-Nr. SGS-COC-004238
© 1996 Forest Stewardship Council

Dieses Buch wurde auf FSC-zertifiziertem Papier gedruckt.
FSC (Forest Stewardship Council) ist eine nicht staatliche, gemeinnützige Organisation, die sich für eine ökologische und
sozial verantwortliche Nutzung der Wälder unserer Erde einsetzt.

Bibliografische Information der Deutschen Nationalbibliothek
Die Deutsche Nationalbibliothek verzeichnet diese Publikation
in der Deutschen Nationalbibliografie; detaillierte bibliografische
Daten sind im Internet über http://dnb.d-nb.de abrufbar.

© 2009 by Jan Thorbecke Verlag der Schwabenverlag AG, Ostfildern
www.thorbecke.de · info@thorbecke.de

Gestaltung: DOPPELPUNKT, Stuttgart
Umschlaggestaltung: Finken & Bumiller, Stuttgart
Gesamtherstellung: Jan Thorbecke Verlag, Ostfildern
Printed in Germany
ISBN 978-3-7995-0824-7

Braunauge

Inhalt

Vorwort

Die meisten Menschen haben eine romantische Vorstellung von »Wildnis«, die oft verbunden ist mit einem Gefühl von Abenteuer. Vielen Europäern kommen sicher schnell Bilder in den Sinn von der Weite Afrikas, den großen Savannen der Serengeti, in denen scheinbar endlose Herden eine Landschaft durchstreifen, deren Begrenzung allein der Horizont zu sein scheint. Doch kann es auch in Deutschland etwas geben, das einer solchen Vorstellung von »Wildnis« entspricht?

Mitteleuropa ist dicht besiedelt, und Kulturlandschaften haben die ursprünglichen Wälder bereits vor Jahrhunderten verdrängt. Zahlreiche Tierarten sind selten geworden, manche, wie der Auerochse oder das Europäische Wildpferd, sind gar ausgestorben. Natur in Deutschland liegt heute oft eingeengt zwischen Feldern, Dörfern oder Straßen. Traditionell war der Naturschutz lange von Ordnungsliebe geprägt. Die Landschaft wurde »gepflegt« nach dem Muster einer alten Kulturlandschaft, deren grundlegende Wirtschaftsweise zwar lange untergegangen war, doch eine reiche Artenvielfalt hinterlassen hatte.

Im letzten Jahrzehnt setzte ein Wandel ein, und die Förderung natürlicher Prozesse gewann im Naturschutz an Bedeutung. Lebensräume werden nicht mehr als statisch empfunden, sondern Dynamik und Veränderung sind gewollt. Die Landschaftspflege begeistert sich für Wildtiere bei der Pflege von Gebieten, und insgesamt hat das Zeitalter eines neuen Naturschutzes begonnen.

Doch natürlichen Prozessen einfach ihren Lauf zu lassen und diese zu fördern, ist in Deutschland noch ein junger Gedanke und trifft auf viele Gegner. »Wildnis« wird von vielen nicht nur als unordentlich empfunden, sondern manchmal gar als gefährlich. Diese Sorge ist meist unbegründet, aber verwundert nicht, bedenkt man doch, dass wir unsere Kinder noch immer mit Geschichten vom bösen Wolf erschrecken. Doch der Wolf ist nur im Märchen schlecht, in Wahrheit hat einzig er vernünftige Gründe, uns zu fürchten.

Um echte Wildnis ist es momentan nicht gut bestellt. In Deutschland sind derzeit 14 Nationalparks ausgewiesen, mit dem erklärten Ziel, ursprüngliche Natur zu erhalten und zu fördern. Diese machen jedoch nur einen bescheidenen Anteil von etwa einem halben Prozent der deutschen Landfläche aus und entsprechen tatsächlich eher ausnahmsweise den Kriterien von Wildnis. Die Vorgaben der Weltnaturschutzunion IUCN, nach denen Nationalparks auf mindestens 75 Prozent ihrer Fläche ungenutzt sein sollen, erfüllt bei uns derzeit nur etwa jedes vierte dieser Schutzgebiete.

Die Nationale Strategie zur Biologischen Vielfalt des Bundesumweltministeriums hat sich zwei Prozent Wildnis in Deutschland zum Ziel gesetzt. Dieses Ziel ist gut und realistisch zu erreichen. Und tatsächlich sind die Zeiten ideal dafür. Die großen Truppenübungsgebiete in den neuen Bundesländern sind aufgegeben worden, und der Braunkohletagebau hat zunächst »Mondlandschaften« hinterlassen, deren weitere Entwicklung wir nun bestimmen können. Der »Standort Deutschland« bietet genügend Platz für neue Lebensräume. Hinzu kommt, dass einige Arten derzeit wieder alte Verbreitungsgebiete erobern – aus eigener Kraft oder als Erfolg des Artenschutzes: Viele verschollen geglaubte Vertreter unserer Tierwelt melden sich zurück, oder Bestände stark bedrohter Arten erholen sich nach langer Zeit.

So ist zum Beispiel der Wolf in die Lausitz zurückgekehrt und sorgt für hitzige Debatten. Es liegt nun an uns, ihm ein Bleiberecht zu gewähren und einen Weg des Miteinanders einzuschlagen. Lange Zeit wurde sein Verlust als wichtige Rechtfertigung für die Jagd gesehen, um seine regulierende Funktion im Naturhaushalt zu ersetzen. Nun kommt er zurück und sollte auch als das gesehen werden, was er ist: ein wichtiger Teil unseres Ökosystems und kein Wilddieb.

In diesem Buch zeichnet der Autor Micha Dudek ein lebendiges Bild bemerkenswerter Wildtiere. Als erfahrener Tierökologe versteht er es, den Leser durch gleichermaßen fachlich fundierte wie spannende Geschichten in den Bann zu ziehen. Die Texte und die eindrucksvollen Fotographien dokumentieren jedoch nicht nur die Schicksale unserer tierischen Nachbarn, sondern sie porträtieren auch Persönlichkeiten, die sich ambitioniert für eine gemeinsame Zukunft mit Wildtieren und eine insgesamt vielfältigere Umwelt einsetzen. »Neue Wildnis Deutschland« ist daher mehr als nur ein Buch über Natur: Es ist ein eindringliches Plädoyer zu ihrem Schutz.

Besonders heute ist ein Buch über Arten- und Naturschutz nötiger denn je. Erste Erfolgsgeschichten einiger Arten können uns motivieren, aber nicht darüber hinweg täuschen, dass wir noch immer in einem Zeitalter des Verlustes an Artenvielfalt leben. Auch in Deutschland konnte der Trend noch lange nicht umgekehrt werden. Täglich verlieren wir weitere Lebensräume. Landwirtschaftliche Intensivierung, Straßenbau und andere wirtschaftliche Entwicklungen fordern weiterhin Flächen und beschneiden Lebensgrundlagen. Bestehende Schutzgebiete sind oft zu klein, isoliert oder in schlechtem Zustand.

Der Schutz ursprünglicher Regenwälder in Amazonien, Afrika oder Asien ist den meisten selbstverständlich, sei es zum Wohle des Klimas oder zum Schutz der immensen Artenvielfalt. Dagegen ist es um unser nationales Naturerbe nicht besonders gut bestellt. Daher sollten wir unseren Beitrag auch vor der eigenen Haustür leisten, denn wie könnten wir uns sonst glaubwürdig für den Schutz der Natur in den ärmeren Regionen der Welt einsetzen?

Artenvielfalt zu schaffen und Wildnis zuzulassen, ist eine schwierige Angelegenheit. Sie brauchen Zeit, Willen und vor allem gesellschaftliche Akzeptanz. Ich hoffe, dass dieses Buch dem Leser hilft, ein tieferes Verständnis für die Bedeutung des Schutzes unserer natürlichen Umwelt zu gewinnen. Aber auf jeden Fall ist es Micha Dudek hiermit gelungen, dem Leser die Begeisterung für Natur auf unterhaltsame Weise zu vermitteln und aufzuzeigen, was der Naturschutz bewirken kann.

Frank Barsch
Artenschutzreferent des WWF Deutschland

Einleitung

Gerade sind Wolf und Luchs dabei, angestammte Lebensräume zurückzuerobern. In Sachsen haben sich Wölfe nachweislich seit dem Jahr 2000 etabliert. In Niedersachsen, Hessen und, was den Wolf angeht, mittlerweile auch in Schleswig-Holstein gibt es seit kurzem erste Beobachtungen dieser attraktiven Arten. Selbst der Fischotter kann nach so vielen Jahren der Abwesenheit in der Metropole Hamburg wieder nachgewiesen werden.

Von den einstigen Charakteren und großartigen Tierherden der eiszeitlichen Landschaft ist nicht viel übrig geblieben. Doch ist man gerade dabei, die fast vergessenen Reste von damals heute für den Landschaftsschutz wiederzuentdecken. Wildpferd, Elch und Wisent werden in Waldgebieten eingesetzt und äsen dort für die Vielfalt. Robuste, aber domestizierte Rinder- und Pferderassen beweiden neuerdings ganzjährig Gebiete, die sich ohne diese binnen weniger Jahre mit unerwünschter Vegetation schließen würden. Der moderne Naturschutz versucht, zwei Fliegen mit einer Klappe zu schlagen: ursprünglichen Arten ein neues Zuhause zu bieten und über deren Aktivitäten Lebensraum für eine hohe Vielfalt anderer bedrohter Organismen zu schaffen.

»Neue Wildnis Deutschland« ist aktuell vor dem Hintergrund zahlreicher Naturschutzkonferenzen und Artenschutztage entstanden. Es sind zudem genügend Jahre ins Land gezogen, in denen der moderne Natur- und Artenschutz wirken konnte und erste vorzeigbare Ergebnisse aufweist. Das Buch zeigt, dass die Bemühungen, Tiere und Pflanzen und mit ihnen ganze Landschaften vor dem Untergang zu bewahren, nichts mit dem Hang zur Nostalgie und dem Konstruieren musealer Verhältnisse zu tun hat, betrieben von einigen seltsamen Käuzen, sondern es sich ganz im Gegenteil um eine höchst progressive, innovative Angelegenheit handelt, die von aufgeklärten, ganz normal denkenden Menschen wie du und ich betrieben wird. »Neue Wildnis Deutschland« stellt einige markante Arten dieses Unternehmens »Moderner Naturschutz« vor.

Attraktive Prädatoren wie Wolf, Luchs und Fischotter werden darin ebenso beschrieben wie die großen Huftiere Wisent, Wildpferd und Elch. Da die moderne Artenliste gegenüber der eiszeitlichen »etwas« unvollständig ist, wird in der Landschaftspflege oft auf die Haustierformen wie das Heckrind und andere zurückgegriffen. Darum haben diese vom Menschen gezüchteten Rassen auch in dieses Buch Einzug gehalten. Sie können zumindest helfen, eine ungefähre Vorstellung früherer Verhältnisse zu vermitteln. Und die ersten Ergebnisse der Landschaftspflege unter ihrer Beteiligung sprechen für sich. Wieweit diese Haustiere ihren wilden Vorfahren bezüglich ihres Sozialverhaltens und in ihrer nicht zuletzt dadurch bedingten Wirkung auf den Standort gleichen, ist nicht in jedem Fall eindeutig zu sagen, da es zum Beispiel den Ur in seiner Wildform nicht mehr gibt.

Die Artenbearbeitung im Buch folgt einer besonderen Chronologie: Der Elbebiber wird als erste, gestaltende und für andere vorbereitend wirkende Art vorgestellt. Mit dem Weißstorch verbleiben wir bei einer Art der Aue, die auf den Verlust der Landschaft aufmerksam macht. Feuchtgebiete zählen in Deutschland zu den am meisten gefährdeten Lebensräumen. Über die Bedürfnisse des Urs wissen wir nicht viel. Er ist wahrscheinlich als Wildform Anfang des 17. Jahrhunderts ausgerottet worden. Seine Nachfahren werden aber erfolgreich in der Pflege von Offenland und Feuchtbiotopen eingesetzt. Mit dem Fischotter begegnen wir einem Star, Flaggschiff und Aushängeschild der gewässerbeeinflussten Lebensgemeinschaften. Der Elch ist

ebenfalls ein Liebhaber ursprünglicher See- und Flusslandschaften. Da er eine der wenigen überlebenden Großtierarten der Eiszeit verkörpert, hat man sich jetzt entschlossen, das Elchverhalten in Bezug auf die Nutzung seiner Umwelt zu untersuchen. Zumindest über seinen Einsatz auf ehemaligen Truppenübungsplätzen (TÜP) als Landschaftspfleger besteht die Chance, ihm im sonst dicht besiedelten Deutschland Flächen als Lebensraum zurückzugeben. Die dann folgende Art, der Wiedehopf, hat ebenfalls ein brennendes Interesse am Erhalt der TÜP als Offenland. Denn eine vergleichbare Qualität dieses Lebensraumtyps lässt sich anderweitig kaum noch finden. So kommt den ehemals militärisch genutzten Flächen heute eine besondere Bedeutung im Arten- und Naturschutz zu. Wildpferd und Wisent gehören zu den stark bedrohten Arten und sind dem Tod ausgesprochen knapp noch einmal von der Schippe gesprungen. Nachdem kaum noch Wildnis vorhanden ist, verbleiben für beide Arten oft nur noch weite Landschaftsgehege, in denen sie aber durch ihre Anwesenheit die Vielfalt anderer Arten steigern helfen. Uhu und Luchs sind nach zahlreichen Ausbürgerungsversuchen endlich wieder in Deutschland angekommen und entwickeln zurzeit überraschende Eigendynamiken. Kolkrabe und Wolf sind schon immer ihre eigenen Wege gegangen. Beide Arten zeigen sich besonders anpassungsfähig und flexibel in ihren Lebensraumansprüchen. Ihr Schutz kann nur darin bestehen, ihre Verfolgung zu verhindern und bei den Menschen Aufklärungsarbeit zu leisten. Denn niemand weiß, wie schnell die Stimmung gegenüber solchen Arten wieder kippen kann.

In einem weiteren Schritt hat es sich der Autor zur Aufgabe gemacht, nicht nur die faszinierenden Tierarten vorzustellen, sondern auch die Menschen und Projekte, die mit ihnen zu tun haben.

Deutschland bietet keine Nationalparks in den Dimensionen der afrikanischen Serengeti oder des amerikanischen Yellowstone, nichts Vergleichbares zu den Galapagos-Inseln und schon gar nicht zum Great Barrier Reef vor Australiens Küste. Dennoch: »Natur funktioniert auch im Kleinen«, wie ein niederländischer Naturschützer einmal sagte.

Autor Micha Dudek und Wolf Mutzeman

Aus all diesen Projekten rund um den Erdball, ob nun in entlegenen Gegenden oder in direkter Nachbarschaft, hat Deutschland lernen dürfen. Innerhalb von nur zwei bis drei Jahrzehnten hat sich die Einstellung gegenüber dem Natur- und Artenschutz grundlegend gewandelt. Noch in den 1980er-Jahren war mit der »rasanten« Rückkehr des Wolfes nicht zu rechnen. Wölfe sind dem Menschen gegenüber definitiv harmlos, geradezu schüchtern. Was aber, wenn Wölfe dem Menschen gegenüber gefährlich wären? Hätten sie dann den gleichen Schutz verdient – wie weit geht die Toleranz des Menschen heute? Über diese Frage sollte man einmal nachdenken, obwohl sie rein hypothetisch bleiben muss.

Von der einen Seite, von Osten her kommend, stehen Großprädatoren vor der Tür. Von der anderen Seite her findet die Idee Anklang, Landschaftsräume wieder mit großen Huftierarten zu beweiden. Die Argumente der Wolfsschützer bei Eindringen der Wölfe in von Haustieren beweidete Landstriche lauten: besondere Zäune schaffen, Tiere nachts nicht unbeaufsichtigt lassen und diese mit Herdenschutzhunden schützen. Die Träume der Anhänger neuer Beweidungskonzepte gehen dagegen dahin, die größtmögliche Freiheit und eine ganzjährige Beweidung für wilde Huftiere und alte Haustierrassen zu schaffen und diese in ihrer Selektion und ihrem Sozialverhalten unbeeinflusst zu lassen, was auch bedeutet: ohne Aufsichtspersonal und Hunde. Schon allein daraus könnte ein mächtiges Konfliktpotenzial erwachsen.

Um wessen Schützlinge es auch immer gehen mag: Ein Problem haben alle wandernden und sich ausbreitenden Arten gemeinsam, nämlich die Ausweitung des Straßenbaus und seines Verkehrs. Von den ersten abwandernden Jungwölfen, die in Deutschland geboren wurden, sind bereits zahlreiche überfahren worden. Aber sollte man deshalb pessimistisch auf die Zukunft großer Wildtierarten in Deutschland blicken? Dazu kommt der zunehmende räumliche Anspruch des Menschen. Doch besteht darin auch eine Chance: Denn je intensiver manche Räume vom Menschen genutzt werden, desto extensiver verbleiben andere. Dass alle Landflächen in der gleichen Art und Weise genutzt werden und die Lücken allmählich erschlossen werden, steht nicht zu erwarten.

Micha Dudek, Hamburg, im Oktober 2008

Eiszeiten – Goldene Zeiten

Die Dinosaurier kannten noch keine Wiesen aus Gräsern und Blumen. Die Vegetarier unter ihnen liefen weidend über dichte Bestände aus Farnen und Schachtelhalmen. Aus der Entfernung hätten uns diese vielleicht an Wiesen unserer Zeit erinnert. Große Landteile waren auch von tropischen Wäldern überzogen. In den Landschaften dieser frühen Epoche der Erdgeschichte kamen Gräser nur sehr vereinzelt vor. Vielleicht entstanden sie damals am Rande von Gewässern, auf Waldlichtungen, in Senken und an Feuchtstellen als eine Gruppe der »Bedecktsamigen Blütenpflanzen«? Vielleicht entwickelten sie sich dort zuerst, wo die Dinosaurier die Vegetation nachhaltig störten?

Gegenseitige Einflüsse

Die Evolution des Pferdes in Nordamerika zeigt in hervorragender Weise, wie sich Klima und Landschaft über die nachfolgenden Jahrmillionen veränderten – und welchen Erfolgsweg Gräser einschlugen. Wenn auch nicht von heute auf morgen, so wichen die tropischen Wälder doch allmählich den sich immer weiter ausbreitenden Graslandgesellschaften. Tiere wie die Vorfahren des Pferdes passten sich an – andere Arten dagegen starben aus. Die Zähne des Pferdes weisen Merkmale der gelungenen Umstellung von der Laub- auf die Grasnahrung auf; von der ursprünglichen Vielzehigkeit blieb nur ein zentraler Einzelzeh an jedem Fuß übrig, der ausgedehnte Wanderungen über Grasland und harte Böden und ein schnelleres Fortkommen ermöglicht.

Aber nicht nur der Lebensraum veränderte die Tiere. Heute dürfte kein Zweifel mehr daran bestehen, dass Landschaften und ihre Tierarten einen gegenseitigen Einfluss aufeinander ausüben. Dabei kommt nicht nur den großen Weidegängern wie Elefanten, Pferden und Rindern eine Rolle zu, sondern auch den zahlenstarken Nagetieren, Vögeln und Wirbellosen. Gräser spielen in der Evolution vieler Organismen sicher seit vielen Jahrmillionen eine entscheidende Rolle.

Kalt- und Warmzeiten

Je nach Definition leben wir heute seit mehr als zwei Millionen Jahren in einem sogenannten Eiszeitalter. Gründe für die allgemeine Abkühlung der Erde liegen wahrscheinlich in Prozessen der Plattentektonik, also dem Verschieben der Kontinentalplatten. Die irdischen Ursachen für die Entstehung der Kälteperioden sind aber keineswegs zufriedenstellend geklärt. Seit wenigstens einer Million Jahren unterliegt das Klima der Erde relativ kurzfristigen Schwankungen von Kalt- und Warmzeiten. Profiteure sind die Gräser. Auch wenn sich Gräser und Huftiere gegenseitig beeinflusst haben sollten, so sind die meisten großen Tierarten verschwunden, die Gräser aber sind geblieben.

Grasland in Patagonien

Erfolgskonzept Grasland

Gräser sind echte Karrierepflanzen. Sie sind heute so erfolgreich, dass sie Dokumentarfilmer schon zur Verzweiflung gebracht haben. Für die erfolgreiche BBC-Reihe über das Leben der Dinosaurier suchte das Filmteam lange Zeit vergeblich nach »grasfreien« Drehorten als Kulissen für ihre später eingearbeiteten Dino-Animationen. Das Team musste feststellen, dass Gräser an nahezu allen Orten der Erde vorkommen. Diese Egozentriker des Pflanzenreiches bewohnen Hochlagen ebenso wie Inseln der Antarktis, extrem trocken-heiße Wüstengebiete wie auch Gewässer in untergetauchter Form.

Bis heute haben sich allein 8000 bis 9000 Arten der Echten Gräser (*Poaceae*) gebildet. Die Graslandschaften bedecken mit 36 Millionen Quadratkilometern rund ein Viertel der Kontinente und stellen damit die ausgedehntesten Vegetationszonen der Erde dar. Ihre Vielfalt ist nahezu unerschöpflich: Es gibt sie in hoch, flach und flauschig, hart, pinselig und fedrig, Horste bildend und einzeln stehend, hell-, dunkel- und olivgrün. Sie können einheitliche Rasen ausbilden, die nur aus einer einzigen Art bestehen, oder eng verzahnte Gesellschaften mit Hilfe zahlreicher unterschiedlicher Arten.

Leere Landschaften

Eine Sendepause gibt es im Fernsehen des 21. Jahrhunderts nicht mehr; stattdessen zeigen Nachtaufnahmen in HD-Technik, wie wundervoll die Erde aus der Vogelperspektive heraus aussieht. Doch egal wie schön die Landschaften im Einzelnen auch erscheinen mögen und ob sich die Kamera über den Weiten Nordamerikas, Südamerikas oder Australiens verliert – in einem ähneln sich alle Bilder: Sie zeigen leere Landschaften – zumindest, was die Tiere angeht.

Bevölkerten vor rund 10.000 bis 30.000 Jahren noch gewaltige Wildtierherden nahezu alle Kontinente, und hier die Graslandschaften im Besonderen, klafft heute gähnende Leere auf allen Wiesen und Weiden. Nur Haustiere wie Pferde, Rinder und Schafe fallen dem Nachtschwärmer hin und wieder auf, der seinen Heimatplaneten vor dem Fernseher sitzend erlebt.

Ausverkauf der Arten

Alle Kontinente weisen große, zusammenhängende Graslandschaften auf. Auf allen existierte bis zum Ende der letzten Eiszeit eine artenreiche Lebensgemeinschaft aus kleinen, großen und sehr großen Tieren. In Australien lebten zum Beispiel große Känguru-, Wombat- und mehrere große Laufvogelarten, auf die Beutelwölfe vielleicht Jagd machten.

In Südamerika gab es große Weidegänger der Gattung *Macrauchenia*, die systematisch keiner so richtig einzuordnen vermag. Dazu kamen Pferde- und Rüsseltierverwandte, Riesengürtel- und Bodenfaultiere wie das *Milodon* und ebenso eine Anzahl von großen Laufvogelarten. Die eine oder andere Bodenfaultierart konnte es größenmäßig durchaus mit modernen Elefanten aufnehmen. Zeitgleich lebten dort Prädatoren, die lange Säbelzähne trugen, deren Einsatz bis heute nicht vollends geklärt ist.

Auch Nordamerika besaß seine eigenen Säbelzahnträger, Gürteltiere und Faultiere sowie Großarten aus der Kamel-, Pferde- und Rüsseltierverwandtschaft. Große Katzen, Bären und Hunde existierten. Inseln wie Madagaskar besaßen vor allem große Laufvogelarten, Halbaffen und Schleichkatzenverwandte, und Neuseeland ebenfalls große Laufvögel. Und in Afrika, Asien und Europa lebten zahlreiche Paarhuf- und Rüsseltiere, Pferde und Nashörner.

Kinder der Eiszeit

Die Eiszeiten kreierten viele der Arten, die in diesem Buch vorgestellt werden. In Eurasien entstand vor 700.000 Jahren schließlich auch der Wolf. In Afrika entwickelte sich vor gut 150.000 Jahren der moderne Mensch, der begann, den Kontinent zu verlassen und sich über nahezu die ganze Erde auszubreiten. Wolf und Mensch sind Kinder der Eiszeit.

Doch etwas Weiteres zeichnet die beiden Arten aus: Während das Gros der anderen Arten verschwand, existieren Wolf und Mensch bis heute. Warum diese Arten am Leben blieben, wissen wir nicht. Um diese Frage beantworten zu können, müsste man mehr über die Verhältnisse wissen, unter denen Mensch und Wolf entstanden sind.

Zur Erklärung für das Verschwinden der sogenannten »Megafauna« – die besonders große und schwergewichtige Tiere bezeichnet – werden verschiedene Thesen angeführt. Diese reichen von Klimawandel und infolgedessen Vegetationsveränderung über den Menschen als Jäger (»Overkill«-These), den Hund als Krankheitsüberträger und Tsunamis als Totalzerstörer bis hin zur Selbstzer-

Lebensecht wirkende Plastik des *Milodon*, einer ausgestorbenen Bodenfaultierart, in der »Milodon-Höhle«, Chile

Heckrinder im Winter

störung des Systems. Vielleicht handelte es sich auch um ein Zusammenspiel verschiedener Faktoren.

Europa muss in der Zeit vor zwei Millionen bis etwa vor 10.000 Jahren dicht bevölkert mit attraktiven Arten gewesen sein. Es muss hier einst zugegangen sein wie in der Serengeti, dem weltberühmten Schutzgebiet Ostafrikas, das bis heute mit seiner Wilddichte glänzt. Löwen und Tüpfelhyänen leben dort, Elefanten, Giraffen, Zebras, Flusspferde, Gnus – allesamt Arten, die das Fernsehen berühmt gemacht hat – nicht zuletzt durch Bernhard Grzimeks bekannte Tierdokumentation »Ein Platz für Tiere«. Die gezeigten Tierarten wurden dem Europäer vertrauter als die Tiere, die vor nicht allzu langer Zeit seine eigenen Vorfahren begleitet haben.

Warum letztendlich Mammut, Wollnashorn und Riesenhirsch gehen mussten, wissen wir nicht. Doch wir kennen den Grund, warum in der folgenden Zeit viele der Tierarten ausstarben oder an den Rand ihrer Existenz gedrängt wurden, obwohl sie den Wechsel zwischen Eis- und Warmzeit offenkundig gut überstanden hatten: Ausschließlich der Mensch trägt hierfür die Verantwortung.

Reh *(Capreolus capreolus)*

Verbreitung:
fast überall vorkommend

Wildschwein *(Sus scrofa)*, **Rothirsch** *(Cervus elaphus)*, **Damhirsch** *(Cervus dama)*

Verbreitung:
beschränkte, aber meist noch recht große Verbreitungsgebiete, z.T. nach Wiedereinbürgerung

Biber *(Castor fiber)*, **Gemse** *(Rupicapra rupicapra)*, **Alpensteinbock** *(Capra ibex)*, **Braunbär** *(Ursus arctos)*, **Elch** *(Alces alces)*

Verbreitung:
in Reliktarealen (Biber, Gemse), Wiederansiedlungsgebieten (Biber, Gemse, Steinbock) oder Randbereichen (Braunbär, Elch) bis heute vorkommend, z.T. Ausbreitungstendenzen

Wisent *(Bison bonasus)*, **Wildpferd** *(Equus ferus)*, **Auerochse** *(Bos primigenius)*

Verbreitung:
zwischen dem 17. und dem 20. Jahrhundert verschwunden (Wisent 1919, Tarpan ca. 1800, Auerochse 1627), lange vorher nur noch in Reliktarealen

Grenze ── "historische Zeit"
"vorgeschichtliche Zeit"

Europäischer Wildesel *(Equus hydruntinus)*, **Riesenhirsch** *(Megaloceros giganteus)*, **Höhlenbär** *(Ursus spelaeus)*

Verbreitung:
im frühen Holozän verschwunden (vor 10 000 bis 4000 Jahren)

Waldelefant *(Elephas (Palaeoloxodon) antiquus)*, **Waldnashorn** *(Stephanorhinus (Dicerorhinus) kirchbergensis)*, **Steppennashorn** *(Stephanorhinus (Dicerorhinus) hemitoechus)*

Verbreitung:
während der letzten Eiszeit in ihren südlichen Refugialgebieten ausgerottet (vor 30 000 bis 20 000 Jahren), daher Rückkehr im Holozän unmöglich

Typische warmzeitliche Fauna großer Herbivoren Mitteleuropas, geordnet nach der Größe ihres derzeitigen Verbreitungsgebietes bzw. dem Zeitpunkt ihres Verschwindens (aus: Bunzel-Drüke et al. 1999)

Pioniere im Artenschutz

Mitteleuropa ist zu allen Zeiten ein Entwicklungsland aus tierökologischer und pflanzensoziologischer Sicht gewesen. Eiszeitlich waren vor allem Arten des Offenlandes in Mitteleuropa vertreten. Die beschriebenen Arten des Buches, von Elbebiber bis Wolf, sind besser in ihren Bedürfnissen zu verstehen, wenn man ihre eiszeitlichen Hintergründe kennt. Nacheiszeitlich sind neue Arten mit der Entwicklung des Waldlandes eingewandert. Wald aber ist nicht gleich Wald. Von der Qualität des Waldes an einem Standort ist die Artenvielfalt abhängig, die darin vorkommt. In Abhängigkeit zur Qualität des Waldes haben verschiedene Arten des Offenlandes den nacheiszeitlichen Landschaftswandel überlebt. Das Überleben bestimmter Arten und Artengefüge ist nicht das Ergebnis des Zufalls, sondern vor dem Hintergrund der Kombination aus ihrer eiszeitlichen Herkunft und der Qualität des nacheiszeitlichen Lebensraumes zu verstehen – ab Ende der Eiszeit auch verstärkt unter dem Einfluss des Menschen, und vielleicht bereits davor.

Waldesfrust statt Waldeslust

Wald ist für den Deutschen der Inbegriff von Natur. Wenn man zehn Deutsche nach den bekanntesten und beliebtesten Tieren darin fragt, antworten neun von ihnen: Hirsch, Reh und Bambi. Alles andere ist zu kompliziert. »Dabei wird nicht selten davon ausgegangen, dass es sich beim Hirsch um den Mann und beim Reh um die dazugehörige Frau handelt«, spottete einmal Horst Stern sinngemäß in einer seiner berüchtigten Naturdokumentationen »Bemerkungen über den Rothirsch«. Entsprechend müsste es sich dann beim Bambi um das gemeinsame Kind handeln. Nicht zuletzt über den Sendetermin an Heiligabend 1971 um 20.15 Uhr schaffte es der vor allem die Jagd und Hege kritisierende sowie den Finger in die offene Wunde des verklärten Bildes von Wald und Wild legende Inhaltsstoff immerhin, im Bundestagsausschuss diskutiert zu werden.

»Der Wald ist mehr als die Summe seiner Bäume«, setzte Stern gute zehn Jahre später im durch ihn herausgegebenen Klassiker »Rettet den Wald« noch eins obenauf. Das typische Waldbild des Deutschen bestach zu dieser Zeit immer noch durch Bäume in Reih und Glied. Und der reine Nutzungsgedanke war dem Mut zur Artenvielfalt noch um Längen voraus. Die Frage, ob es dem Menschen inzwischen gelungen ist, diesen so geschundenen, bewirtschafteten und dennoch oft besungenen deutschen Wald zu retten, muss weiter offen bleiben.

Drehte man den Spieß einmal um und fragte den Wald selbst danach, welche menschliche Gesellschaft ihm denn wohl am liebsten gewesen sei über all die Jahrhunderte des Zusammenseins hinweg, so bliebe der wohl ebenfalls die Antwort schuldig. Er hat viel über sich ergehen lassen müssen, der Wald. Der Wald war krank, er wurde sauer. In den 1980er-Jahren entdeckten die Medien das Thema »saurer Regen« für sich. Um den besonderen Niederschlag handelt es sich dabei, dessen pH-Wert niedriger ist als der pH-Wert, der sich in reinem Wasser durch den natürlichen Kohlendioxid-Gehalt der Atmosphäre einstellt. Der pH-Wert bezeichnet die jeweilige Stärke der sauren bzw. basischen Wirkung einer wässrigen Lösung. Schuld am sauren Regen ist vor allem die Verbrennung schwefelhaltiger, sogenannter fossiler Brennstoffe wie Kohle und Öl.

Das »Waldsterben« wurde zum Begriff. Slogans kamen auf wie: »›Sauer macht lustig‹, sagte der Wald und lachte sich tot«.

Ein Witz jener Tage ging so: »Fliegen zwei Planeten aneinander vorüber. Fragt der eine den anderen: ›Du siehst schlecht aus, was hast Du?‹ ›Menschen‹, antwortet der andere. Ganz leise schon und aus der Ferne ruft der erste ihm noch nach: ›Das geht vorüber ...‹«

Das Problem der Luftverschmutzung und Versauerung der Niederschläge ist aber eigentlich älter als 100 Jahre und stieg proportional zu menschlicher Bevölkerungsdichte und Industrialisierung. Seit jeher war der Lebensraum Wald irgendeiner Form menschlicher Nutzung unterworfen. Bereits das regelmäßige Sammeln von Feuerholz führte zur allmählichen Nährstoffverarmung des Standortes und seiner Tier- und Pflanzengesellschaften. Es gab Zeiten, in denen die Wildpopulationen künstlich hochgehalten wurden. Und es gab Zeiten, in denen man lange hätte wandern müssen, um überhaupt auf ein größeres Tier zu treffen.

Andere Zeiten, andere Sitten. Den Germanen noch heilig, geriet der Wald im Verlauf des Mittelalters zum Sitz der Hölle. Tiere wie Wolf und Luchs, die in ihm lebten, galten als böse. Nach Ansicht des damaligen Menschen töteten die zu jenen Zeiten als »Raubtiere« bezeichneten Tiere das Wild meist mutwillig, um dem Menschen Schaden zuzufügen, der dessen Nutzung allein für sich in Anspruch nahm. Doch auch das Wild war ihm nicht geheuer, drohte es doch seinen eigenen Lebensraum zu zerstören, sollte es der Mensch einmal unterlassen, bestandsregulierend einzugreifen. So stellte sich der Mensch in die Mitte seines eigens von ihm entworfenen Weltbildes, in dem ihm allein alle Entscheidungsgewalt über gut und böse, nützlich oder schädlich zufiel.

Pickers Idee

Heute kommen dem vielfältigen Lebensraum Wald neben der Wirtschaftlichkeit vor allem zwei weitere Funktionen zu: die Naherholung und der Artenschutz. Man setzt mittlerweile auf eigendynamische Prozesse, nicht mehr selten unterstützt durch große Weidegänger und sogenannte Spitzenregulatoren, zu denen man Wolf und Luchs zählt. Und man weiß inzwischen: Wald ist nicht alles! Denn gerade dem früher leichtfertig als »Ödland« abgetanen, weil eben für die menschliche Nutzung wenig effektiven Offenland kommt eine hohe Bedeutung für die Biodiversität eines Standortes zu. Und ein besonders beeindruckender Artenreichtum findet sich schließlich in der Kombination aus beidem ein: Offen- und Waldland.

Alten Wäldern kommt hinsichtlich sowohl der Erholung als auch der Artenvielfalt eine größere Bedeutung zu im Vergleich zu jungen. Und besonderen Baumarten darin fällt eine wichtigere Rolle zu als anderen. An keinen Baum sind so viele verschiedene Organismen gebunden wie an die berühmte deutsche Eiche. Möglicherweise spricht das für das hohe stammesgeschichtliche Alter ihrer Gattung.

Mehrere hundert Tier- und Pilzarten sind von der Eiche in irgendeiner Weise abhängig. Sie nutzen das Laub, die Früchte, Eicheln genannt, die morschen Stämme, den Mulm oder das sogenannte Totholz, das oft lebendiger erscheint als der ganze Baum zu Lebzeiten. Und gerade auf die heute in den aufgeräumten Forsten so seltenen Baumhöhlen sind zahlreiche Tiere wie Fledermäuse, Bilche oder Hornissen angewiesen. So hat man im Kronendach einer einzigen Eiche weit über 1000 verschiedene Bewohner festgestellt, die entweder ausschließlich auf dieser Eiche lebten oder zumindest auf einen Besuch vorbeischauten. Viele der auf und in Eichen nachgewiesenen Tiere, Pilze oder auch Moose leben jedoch auch auf anderen Baumarten.

Ich weiß einen Ort, an dem die Zeit stehen geblieben zu sein scheint. Genau im Länderübergang zwischen Hessen, Niedersachsen und Nordrhein-Westfalen gibt es solche Wälder noch,

Exmoor-Ponyhengst

die die Erinnerung an alte Zeiten aufrechtzuerhalten helfen, einem Hort der Legenden und Mythen gleich.

Vor 25 Jahren erhielt ich eine Einladung in den Urwildpark Sababurg. Der Leiter und Begründer der für damalige Verhältnisse revolutionären Tierparkidee Hans Georg Picker hatte Interesse an meiner Arbeit mit Wölfen. Also fuhren mein Bruder und ich im Dezember 1983 kurzerhand die 320 Kilometer von Hamburg aus in Richtung Sababurg, im Handgepäck einen meiner wölfischen Zöglinge. Wir erwanderten uns den Park zu Füßen der Sababurg, die auf einem Basaltkegel hoch über dem Gelände thront, passierten beeindruckende Eichenalleen und planten im Geiste eine große Wolfsanlage als Besuchermagnet im südlichen Zipfel des Parks. Etwa zehn Jahre später entstand tatsächlich an dieser Stelle ein Wolfsgehege.

Picker, mit weißen Haaren und roter Trachtenjacke, schwärmte in höchsten Tönen von der Umsetzung seiner Grundidee zur modernisierten Tierhaltung und seinem Traum vom »Urwildpark«, stets ein Auge auf meinen Wolf »Mutzeman« gehalten, der sich völlig frei und ohne Leine an unserer Seite bewegte. Das Parkgelände umfasst insgesamt 132 Hektar. Die Tiere, die darauf versammelt sind, leben in jeweils viele Hektar messenden Freigehegen. Eine Besonderheit ist die Vergesellschaftung verschiedener Tierarten innerhalb eines Geheges: So leben hier Wisente mit Exmoor-Ponys und Dybowskihirschen zusammen oder Heckrinder mit »Tarpanen« (Vertreter einer robusten Pferderasse, die auf das angebliche Abbild des Europäischen Wildpferdes gezüchtet wurde), Damhirschen und Altaimaralen (die die östliche Form des Rothirsches vertreten).

Bei den ausgewählten Arten handelt es sich überwiegend um Großtiere, die es hier in Deutschland einmal gab, wie zum Beispiel das Wildpferd. Wann und warum es in freier Landschaft ausstarb, ist nicht bekannt. Es gibt aber vielfältige Spekulationen darüber. Der Ur, ein ausgerottetes europäisches Wildrind, wird ebenso wie das Europäische Wildpferd durch einige ursprünglich wirkende Haustierrassen repräsentiert, wie Heckrind und Exmoor-Pony. Immerhin gibt es mit der östlichen Form des Wildpferdes, dem Przewalskipferd, noch eine letzte echte Wildpferdform, welche ebenfalls im Park gehalten wird.

Für andere Arten wie dem Wisent kam die Hilfe gerade noch rechtzeitig, und er wurde in letzter Sekunde vor der Ausrottung gerettet. Als der letzte freie Wisent in einem polnischen Waldstück Kriegswirren zum Opfer fiel, gründete man mit den überlebenden 56 in Gefangenschaft gehaltenen Tieren eine Erhaltungszucht. Es gilt aber zu bedenken, dass an diesen allerletzten Wisenten gebärfähige Kühe einen noch einmal geringeren Anteil ausmachten. So ist ihr Überleben bis in die heutige Zeit als absoluter Glücksfall zu betrachten.

Heute leben inzwischen wieder einige tausend Wisente auf der Erde, die meisten davon zwar immer noch in Zoos und Wildgattern, jedoch hat bereits vor Jahren ein Trend eingesetzt, dieses imposante Wildrind in verschiedenen mitteleuropäischen Ländern an großzügige Schutzgebiete zu vergeben. Die Umwelt darin wird dem Wisent gerechter, und der Wisent gibt es der Umwelt vielfach zurück. Denn wo ein Wisent weidet, scheuert und kratzt, öffnet er den Wald. Doch dazu später mehr.

Die Sage vom Reinhardswald

Wir waren damals, vor 25 Jahren, beeindruckt. Denn eine weitere Idee Hans Georg Pickers bestand in der Anlage der teilweise versenkten Zäune. Man kann sich des Eindrucks nicht erwehren, dass anstürmende Wisente und Wildpferde direkt auf einen zuhalten.

»Der Park nimmt für sich in Anspruch, die älteste Institution dieser Art auf der Welt zu sein«, sagte Picker. »Die Eichen, unter denen die Herden ziehen, sind zum Teil so alt wie der Park selber. Denn vor 400 Jahren bereits begründete der Landgraf Wilhelm IV. den ›Zapfenburger Thiergarten‹. Doch was Sie hier sehen, ist nur ein Abklatsch von dem, was einmal war. Vor dem Wiederaufbau des Parks Anfang der 1970er-Jahre waren viele der alten Bäume gefällt und der Holznutzung überführt worden. Wenn Sie sehen wollen, wie die Wälder rund um die Sababurg einmal ausgesehen haben, dann müssen Sie mit mir den Hutewald jenseits der Mauer besuchen.«

Westlich des Parks, jenseits der historischen Natursteinmauer, die den Park umgibt, befindet sich der oft als Urwald bezeichnete Hutewald. Der Unterschied zwischen einem Ur- und einem Hutewald besteht vor allem darin, dass ein Urwald ohne jeglichen Eingriff des Menschen geblieben ist, der Hutewald aber nicht. Die Bäume des Sababurger Hutewaldes wurden gepflanzt und später zur Eichelmast des Viehs genutzt, so dass zeitweilig die Verjüngung ausblieb. Entsprechend gibt es einen deutlichen Generationenabriss zwischen den alten, mehrere hundert Jahre zählenden Veteranen und den »Emporkömmlingen« zu sehen. Während die alte Generation hauptsächlich aus Eichen besteht, wird die neue ausschließlich von den Buchen gestellt. Die Bäume auf 92 Hektar Naturschutzgebietfläche sind teilweise noch einmal um 200 Jahre älter als innerhalb des Parks.

Dazu Picker: »Es geht die Sage vom Grafen Reinhard, dem alles Land zwischen Diemel und Weser gehörte. Sein Laster war das Spiel, sein häufigster Gegner der Bischof von Paderborn, der meistens auch gewann. Als der Bischof seiner Siegesserie wieder einmal treu blieb, nahm das Schicksal seinen Lauf. Dem Grafen war kein anderer Einsatz als seine gesamte Grafschaft geblieben. Er verlor ein allerletztes Mal und damit die besagte Grafschaft. Jedoch kam ihm eine List in den Sinn. Er bat den Bischof um eine letzte Aussaat und ein letztes Einholen der Ernte. Der Bischof, von Mitleid gerührt und nichts Böses ahnend, willigte ein. Doch säte der Graf nichts anderes als Eicheln und Bucheckern. Als der Bischof im Herbst kam, um seinen erwarteten Besitz anzutreten, führte ihn der Graf gerade an die Stelle, an der wir jetzt stehen, und zeigte ihm die jungen Bäume. Er bat den Bischof um ›etwas‹ Geduld bis zur Ernte, und so stehen die alten Bäume auch heute noch an ihrem Platz.«

Unter Reinhards Eichen wandelnd, riet Picker mir: »Sie müssen den Wald zu allen Jahreszeiten erleben. Er wechselt nicht nur seine Farben, sondern auch die Gerüche.«

Interview mit Karl Görnhardt
(Abteilungsleiter Tierpark Sababurg und Geschäftsführer des DWV und Geschäftsführer des Fördervereins »Freunde des Tierparks Sababurg e.V.«)

Ich habe Hans Georg Picker und den Reinhardswald in meinem Herzen behalten und bin erneut hingefahren, um mich mit dem zuständigen Abteilungsleiter des heutigen Tierparks zu treffen. Karl Görnhardt erzählt mir, wie er zu dem Park gekommen ist: »Ich bin als Beamter des gehobenen Dienstes im Grunde genommen seit 1997 für den gesamten Verwaltungsbereich zuständig, der mit dem Tierpark zu tun hat, für Marketing und Öffentlichkeitsarbeit. Für die letzten zehn Jahre konnten wir die Besucherzahlen um 112 Prozent steigern, das heißt: Pro Jahr kommen etwa 180.000 Besucher, von denen mittlerweile über 5000 eine Jahreskarte besitzen. Das ist nichts ganz Alltägliches im Freizeitbereich heutzutage«, sagt er nicht ganz ohne Stolz und ergänzt: »Ich bin außerdem Geschäftsführer des Fördervereins ›Freunde des Tierparks Sababurg e.V.‹. Förderer und Sponsoren erhalten bei uns die Möglichkeit zu einer Tour der besonderen Art mit abschließendem Candlelight-Dinner nach dem Motto: ›Der Tag und die Besucher gehen, Sie und

Weidegesellschaft im Tierpark Sababurg

Ihre Gäste kommen.‹ Dieses ganz spezielle Dinner kann ein solcher Förderer in der Grotte der neuen Vielfraßanlage einmal pro Jahr in Anspruch nehmen, und ich kümmere mich persönlich um ihn und seine bis zu 25 ausgewählten Gäste.«

Ich möchte von Karl Görnhardt wissen, was für ihn den besonderen Reiz des Parks ausmacht. Er antwortet mir: »Der Park bietet Abwechslung und Entwicklungsmöglichkeit. Er teilt sich heute in vier Kategorien ein. Zum einen bestehen die Bereiche Kinderzoo, Falknerei und Bauernhof. Der Bauernhof ist nach modernen wissenschaftlichen Erkenntnissen erbaut und trägt dem früheren Leiter zu Ehren den Namen ›Pickers Hof‹. Unter anderem arbeitet auf seinem Dach eine moderne Solaranlage, und die Tiere können, wenn sie es wünschen, eine Kontaktzone betreten, um sich von den Besuchern streicheln zu lassen. Zum anderen gibt es den Bereich des Urwildparks, der noch ganz im Sinne Hans Georg Pickers geführt wird. Auf 13,5 Hektar – entsprechend 26 Fußballfeldern – weiden hier Wisente mit Exmoorponys und Dybowskihirschen vergesellschaftet. Zusätzlich weiden auf rund zehn Hektar Fläche Heckrinder mit ›Tarpanen‹, Damhirschen und Altaimaralen zusammen. Und eigentlich ist dieses Unterfangen schon eine kleine Ausnahmeerscheinung, denn im Grunde genommen handelt es sich bei ihm bereits um zwei kleine Beweidungsprojekte, die bestanden, lange bevor alle anderen dazu übergingen.«

Im Tierpark Sababurg kann man wie an keinem zweiten Ort in Deutschland die Kombination aus Offenland und uralten Bäumen erleben. Waschbären leben hier neben Hornissen und Hirschkäfern. Seltene Pilz- und Flechtenarten zeigen die Qualität der Luft und Abgeschiedenheit des Ortes auf. Pionierarbeit wurde und wird hier geleistet und kombiniert Tradition mit Moderne. Die ziehenden Herden unter mehrhundertjährigen Eichen mögen einen kleinen Eindruck vermitteln, wie die Landschaften in Deutschland ursprünglich ausgesehen haben könnten.

Elbebiber – Der »erste Landschaftsarchitekt«

Es kann einem passieren, dass man an einem Ort aufwächst und nichts vom Biber in der Nachbarschaft weiß. Darum ist es wichtig, dass es Menschen gibt, die einen mit der Nase darauf stoßen und einem die Augen dafür öffnen. Mit den restlichen Sinnen sollte es einem dann gelingen, die ganze Welt wahrzunehmen, die der Biber

schafft. Und wir werden ihm dann mit Recht zugestehen, der »Erste« unter den Landschaftsarchitekten zu sein.

Biber, Mönche und Heilkräuter

Die Geschichte des Elbebibers hätte beinahe ein vorzeitiges Ende gefunden: Er wurde geschmort, gegart, gedünstet und von den Mönchen aufgrund seines beschuppten Schwanzes kurzerhand zum Fisch erklärt. Auf diese Weise blieben die Töpfe in der mittelalterlichen Klosterküche selbst in der Fastenzeit gefüllt. So wäre er allmählich durch die Kutten tragenden Brüder im Mittelalter restlos verspeist worden und seine Bestände wären ein für alle Mal erloschen.

Zu seiner Beinahe-Ausrottung beigetragen hat auch seine direkte Verfolgung als Waldschädling und Pelzwerklieferant – und das Interesse an einem bestimmten Körperteil des Bibers: Biber besitzen zusätzliche Drüsensäcke, in denen sie ein fetthaltiges Sekret produzieren, welches sie zur Fellpflege und Reviermarkierung einsetzen. Entsprechend stark riecht es. Spätestens im Mittelalter kamen die Menschen auf die Idee, dieses sogenannte »Bibergeil« medizinisch zu nutzen. Man sagte dem Stoff großartige Heilkräfte und potenzsteigernde Wirkung nach. Was aber ausgerechnet die Mönche damit anfangen wollten, bleibt ein Rätsel. Vielleicht waren sie am reinen Verkaufserlös interessiert. Bald jedenfalls stiegen die aus dem Sekret gewonnenen Mittelchen hoch im Kurs. Und immer mehr Biber mussten dafür sterben.

Es sollte aber nicht zum vollkommenen Erlöschen des Elbebiber-Bestandes kommen. Immer wieder gelang es dem Biber, sich in entlegene Auenbereiche zurückzuziehen, die dem Menschen schwer zugänglich blieben. Irgendwann erlahmte das kulinarische Interesse an dem Großnager. Das medizinische aber blieb bis ins 19. Jahrhundert hinein erhalten. Doch mehr noch als die Kirche setzte dem Biber die Landschaftsumwandlung zu. Die Vernichtung der ruhigen Seitenarme der Flüsse fernab des Hauptstromes nahm ihm die letzten Rückzugsgebiete.

Das eigentliche Paradoxon aber ist, dass die Mönche des Mittelalters ausgerechnet dem Biber die Gewürze verdankten, die ihrer Küche den besonderen Pfiff verliehen. Denn das Bild der damaligen Aue wich stark von jenem ab, das wir heute von einem Spaziergang entlang der Elbe her kennen. Nicht Buhnen (senkrecht zum Flussufer verlaufende dammartige Bauwerke) und Deiche engten den Fluss ein; man ließ ihm notgedrungen seinen freien Lauf. Im Sommer fielen die großen Ströme flach, so dass an vielen Stellen Kies-, Schotter- und Sandbänke herausragten.

In Altarmen, Gießen und regenwassergefüllten Lachen bildeten sich Pioniergewässer von kurzer Dauer für damals gar nicht seltene Amphibien wie Kreuz-, Wechsel- und Knoblauchkröte. Laubfrosch und Äskulapnatter bezogen hier ihr Jagdrevier. Der Herbst brachte kräftige Gewitter und Niederschläge mit sich und ließ den Strom anschwellen und Prallhänge abtragen. Diese wurden im darauf folgenden Frühjahr von Eisvogel, Uferschwalbe und Bienenesser als Brutwand genutzt. Und im Herbst begann die Wanderung der Lachse die Elbe hinauf. Den Braunbären, die im Gegenstrom nach ihnen fischten, half ihr wertvolles Eiweiß und Fett über den Winter. Solche Flüsse kennen wir in Mitteleuropa nicht mehr – was uns neidvoll nach Kanada und Schweden blicken lässt.

Zahlreiche Heil-, Gemüse- und Gewürzpflanzen wie Thymian, Salbei, Oregano, Möhre, Pastinak, Pfefferminze, Schnittlauch, Weidenröschen und Melde gediehen damals entlang der Flüsse. Seitlich der Hauptrinne standen Orchideenwiesen und Tanzmückenschwärme in der Luft und der Wildnis Amazoniens in nichts nach.

Biber waren maßgeblich am damaligen Auenbildnis beteiligt. Denn Biber sind Tiere mit großartiger Wirkung, obwohl sie selten mehr als einen Meter Kopf-Rumpf-Länge messen. Wo der Biber Hand anlegt, verändert er die Umwelt. Er staut Gewässer, fällt Bäume und setzt ganze Wälder unter Wasser, fördert partiell Reichtum an Wasserpflanzen, Insekten, Fischen und Vögeln, und hilft dabei, potentielle Hochwässer vorab zu regulieren. Biber im Mittelalter trugen dazu bei, exklusive Standorte zu erhalten und den »Küchenkräutern« einen freien Stand am Fluss zu garantieren.

Wenn also Biber durch Bejagung weniger werden und weniger aktiv ihre Umwelt gestalten, verändern sich die Auen, und die Kräuter bleiben aus. Die Küche der mittelalterlichen Mönche wäre wohl kalt geblieben, wenn es den Geistlichen nicht zuvor gelungen wäre, viele der schmackhaften und heilwirksamen Pflanzen in die Klostergärten hinüberzuretten. Zur Einschränkung ihrer Brillanz muss eingeräumt werden, dass sie es aus Bequemlichkeitsgründen taten, nicht in weiser Voraussicht.

Wäre der Biber ausgestorben und mit ihm die frühere Biodiversität des Standortes verloren gegangen, wäre dies wohl der erste Fall geworden, in dem die Verursacher die Nachwirkung menschlichen Eingreifens am eigenen Leibe zu spüren bekommen hätten.

Der Biberlehrpfad quer zur Alten Salzstraße

Die Elbebiber aber haben überlebt! Und nicht nur sie, auch die Biber an anderen Flüssen in Deutschland und darüber hinaus haben ein wahres Comeback erlebt. Aus einem zwischenzeitlich sehr geringen Bestand von knapp 200 Tieren am Mittellauf der Elbe sind viele Tausend Elbebiber hervorgegangen, die nahezu den gesamten Fluss und zahlreiche Seitenarme zurückerobert haben. Aktuell haben sie den Hamburger Hafen erreicht, und die ersten tauchten bereits westlich davon auf.

Gut 50 Kilometer östlich von Hamburg fahre ich mit Björn Sander einen Kopfsteinpflasterweg hinab bis fast ans nördliche Elbufer. Björn ist Biberfachmann und leitet heute den »Arbeitskreis Biberschutz« in Schleswig-Holstein. Als wir in den Weg einbogen, stach mir ein Straßenschild ins Auge, auf dem »Alte Salzstraße« stand. Ich scheine seitdem ein Fragezeichen auf der Stirn zu tragen, denn Björn erklärt mir von sich aus: »Im Mittelalter führte die Straße von

Biberjunge

Lüneburg bis Lübeck über die Elbe. In Lübeck wurden die Heringe mit dem Salz eingepökelt, das als ›weißes Gold‹ über diesen Weg transportiert wurde. Die Heringe kehrten auf demselben Weg in Fässern wieder zurück. Seither gibt es die ›Heringstage‹ inmitten der ausgedörrten Heidelandschaft. Damals konnte man, mehr oder weniger bequem, zu Fuß oder mit Pferd und Wagen die Elbe passieren. Vom Süden her kommend, wurde nach dem Überqueren der Furt am nördlichen Ufer, an dem wir jetzt stehen, umgespannt. Das heißt, an der Stelle des ›Alten Sandkrugs‹ stand auch damals schon ein Gastronomiebetrieb, in dem die Fuhrleute einkehrten. Währenddessen erledigten belastbare Pferde des Betriebes die schwere Zugarbeit den Geestrücken hinauf, um die eigenen für die Weiterfahrt zu schonen.«

So sind die »Alte Salzstraße« und ihr Sandkrug zu Zeugen der Vergangenheit geworden, der Zeit, in der man dem Biber so sehr nachstellte. Nach Björns Ausführungen kann ich mir sehr gut vorstellen, wie ein dickbäuchiger Mönch, vielleicht einen der Salztransporte begleitend, mit leicht angehobener Kutte durchs Wasser watet, neben dem quietschenden Wagenrad des Gespannes die Furt passierend – missmutig von einem Biber aus seinem Versteck beäugt.

An der Gastronomie »Alter Sandkrug« parken wir. Genau am Fuß des Geestrückens, quer zur »Alten Salzstraße«, beginnt der Biberlehrpfad, den Björn im Oktober 2004 initiierte: »Der Lehrpfad dient in erster Linie der Information. Er besteht nicht nur aus Lehrtafeln, die mit Text und Fotos versehen über die Rückkehr des Bibers aufklären. Auch Exponate wie Totempfahl und gegossene Biberfigur säumen seitdem den Wegrand. Der stilisierte Biber des nachgebildeten Totempfahls symbolisiert die Bedeutung, die der Biber in der Welt der Indianer offensichtlich bis heute besitzt. Aufgrund seines Unternehmungsgeistes«, schätzt Björn, »und seiner Fingerfertigkeit, oftmals sich aufrecht hinzusetzen und Männchen zu machen, vor allem aber der großen Fürsorglichkeit im Umgang mit dem jüngsten Nachwuchs nannten die Ureinwohner ihn ›Kleiner Bruder‹. Wenn man sein Ohr an eine Burg legt, in deren Inneren Biber gerade Nachwuchs haben, so hört man die feinen Stimmen der Kleinen, die uns stark an die Lautgebungen unseres eigenen menschlichen Nachwuchses erinnern.«

Überall entlang des Elbufers kann der aufmerksame Spaziergänger mittlerweile wieder Biberspuren entdecken. Besonders entlang der Buhnenfelder liegen durch Biber gefällte Bäume, zu deren Füßen Holzspäne von der nächtlichen Aktivität der Tiere zeugen.

Auf Biberpfaden

Mit Sondergenehmigung begleite ich Björn durch dichtes Weidengebüsch und die bis zu zwei Meter hohe Krautschicht. Stauden wie Brennnesseln und Zweizahn, dazwischen Zaunwinden und Nesselseide erschweren uns den Weg entlang der Buhne. Björn meint: »Es kann sein, dass wir einen Biber überraschen, der entspannt auf seiner Burg pennt und mit Kopfsprung im Wasser verschwindet.« – Ich bin auf alles gefasst.

Gefällter Espenstamm

Nachdem wir uns eine Viertelstunde durch die Vegetation gearbeitet haben, strömt uns ein extrem starker Geruch entgegen – ausgehend vom speziellen Parfüm, das die Biber benutzen. Eine Lichtung öffnet sich, und wir stehen direkt vor der Burg. Doch selbst das Dach der Burg ist mit dichter Vegetation bestanden, und so ist sie nicht gleich auf den ersten Blick sichtbar. Björn warnt mich vor den tiefen, schwarzen Löchern, die die Burg umgeben. Es handelt sich um eingestürzte Deckenbereiche der angelegten Tunnelröhren, die ins Burginnere führen und in weiter zurückgelegene Uferbereiche. Probehalber versenke ich das Stativbein der Kamera in einem dieser Löcher. Ich bin erschrocken über die Tiefe, denn es findet keinen Boden. Mit Glück vermeiden wir es, mit einem unserer eigenen Beine darin zu verschwinden.

See- und Fischadler, ein Kolkrabenpaar und zahlreiche Eisvögel erscheinen, doch einen der Burgherren bekommen wir nicht zu Gesicht. Fast bin ich geneigt, auf die Beobachtungen der anderen, nicht weniger attraktiven Arten zu verzichten, denn ich möchte gern Biber sehen. Doch Björn meint, dass es gerade auch auf diese anderen Tierarten an diesem Standort ankommt: »Zwar handelt es sich bei den Buhnenfeldern um keine natürlichen Altarme der Elbe, aber sie verdeutlichen, welche Artenvielfalt unter dem Einfluss des Bibers anderswo entstehen kann.

Anfangs schnell fließende Bäche können, durch den Biber aufgestaut, zu großen Seen ausufern. Dazu bauen Biber Dämme. Eigentlich tun sie dies nur, um ihrer am Gewässerrand gelegenen Wohnburg den nötigen Wasserstand zu geben. Damit der Burgeingang geschützt unter Wasser bleibt, regulieren sie über den Wasserabfluss des Dammes den Pegelstand des Sees.

Distelfalter (*Cynthia cardui*) auf Biberwiese

Durch die Bau- und Regulationslust des Bibers entstehen Gewässer, die vorher so nicht da waren. Sie füllen sich über die Zeit mit Nährstoffen. Zwar müssen Klarwasserspezialisten und Sauerstofffanatiker weichen, doch dafür werden Kleinstlebewesen angespült, die unter dem Regime der neuen Burgherren geradezu in ihren Beständen explodieren. Neue ertragreiche Nahrungsketten bauen sich auf. Unterwasserpflanzen und Pflanzen des Uferbereiches entwickeln sich. Fische und Wasserinsekten gedeihen. Einige Libellenlarven verbringen mehrere Jahre ihres Larvenstadiums unter Wasser. Solitärbienen und -wespen legen ihre Brutkammern im geschichteten Holz der Dämme an. Und für die Tiere, die sich von Fischen, Insekten und Pflanzen ernähren, brechen fette Jahre an.

Fischadler lassen sich mit ihrem Horst auf den absterbenden Bäumen der Biberseen nieder. Eisvögel brüten in den gekippten Wurzeltellern am Uferrand. Große Huftiere wie der Elch steigen in die Seen, um kopfunter die üppigen Wasserpflanzen abzuweiden. Daneben entstehen Biberwiesen als besondere Lebensräume. Sie entwickeln sich auf dem Grund ehemaliger Biberbiotope durch Rodung, Überschwemmung und Verlandung. Doch bevor es dazu kommt, können Dämme und Burgen über viele Generationen unter den Bibern weitergegeben und erweitert werden. Berühmt geworden ist eine Konstruktion in den USA. Der Damm von Jefferson River bei Three Forks in Montana misst 642 Meter in der Länge, erreicht eine Höhe von drei Metern und ist an der Basis sechs Meter breit. Er ist so fest gebaut, dass er einen Mann zu Pferde trägt. Wenn auch künstlich, so bilden die Buhnenfelder geradezu ideale Lebensräume für den Biber, in denen er es gar nicht nötig hat, Dämme zur Regulation anzulegen.«

Trotz Björns Ausführungen scheint es an diesem Tag nichts mehr mit einer Biberbeobachtung zu werden. Daher kehren wir am späten Nachmittag in den »Alten Sandkrug« ein. Hier erzählt mir Björn, warum es heute überhaupt noch Elbebiber gibt.

»Kleiner Bruder« und die DDR

Ein Seeadler mit kräftigen, weißen Stoßfedern fliegt währenddessen in Augenhöhe an der Terrasse des Sandkrugs vorüber und die Elbe hinauf. Björn berichtet: »Wie stark der Biber auch in Deutschland einmal verbreitet war, liest sich aus den Namen zahlreicher Ortschaften heraus: Beberbeck, Biberach und Beverungen, Bebra, Hofbieber und Bad Bevensen, Bevern, Bobeck und Bovenau; die Samtgemeinde Beverstedt hat sogar an ihren Zufahrten kleine Biberskulpturen zu Begrüßung und Abschied postiert. In Hunderten, wenn nicht Tausenden von Ortsnamen steckt der Biber, mal mehr und mal weniger deutlich herauslesbar. Die Verbreitung in Orts-, aber auch gewöhnlichen Familiennamen verriet nicht nur die damalige Häufigkeit des Bibers, sondern dem entgegen auch die zunehmende Ausbreitung des Menschen. Einige der Orte liegen heute nicht mehr direkt am Wasser. Die Auen nahmen früher auch deutlich weitere Ausmaße an.«

Meine Frage an Björn lautet: »Wie konnte der Elbebiber all die Nachstellungen überleben, und das offenbar auch noch auf dem Terrain der damaligen DDR?« Björn schmunzelt: »Die Elbe gehörte zwischenzeitlich zu den schmutzigsten Flüssen Mitteleuropas. Der Biber ist zwar nicht immun gegen diese Art von Umweltfrevel, jedoch ernährt er sich nicht von Tieren aus dem Fluss, wie das zum Beispiel Seeadler und Fischotter tun, so dass sich in ihnen am Ende der Nahrungskette die Giftstoffe konzentrieren und Schaden verursachen. Der Biber nimmt zwar auch Wasserpflanzen auf, doch holt er in der Regel seine Nahrung von außerhalb, indem er zum Beispiel Bäume der Uferregion fällt, um an deren Blätter, Zweige und Rinde zu gelangen. So hat er auch die zunehmende Industrialisierung entlang der Elbe überstanden. Zudem wurde der Biber geradezu zum Aushängeschild des Naturschutzes in der DDR und unter strengen Schutz gestellt. Die ersten Biberschutzbemühungen reichen aber noch weiter, sogar bis zum Anfang des 20. Jahrhunderts zurück.

Der Maler und Bildhauer Ernst Zehle (1876–1940) gehörte zu jenen, die früh den Schutz der letzten Biber und der Auenlandschaft forderten. Viele seiner Arbeiten sind heute im kleinen Kreismuseum Schönebeck an der Elbe zu bewundern, die typische Auenstimmungen in Öl auf unvergleichliche Weise wiedergeben. Auf einem dieser Bilder hängt ein Biber kopfüber von einem Haken herab. Das Bild trägt den zum Nachdenken anhaltenden Titel ›In einer mittelalterlichen Klosterküche‹. Deutlich klafft dabei im Unterkörper des Bibers ein Loch, aus dem scheinbar die Drüse bereits herausgeschnitten wurde, die für die Absonderung des Bibergeils verantwortlich ist.

Durch Lebensraumschutz und Anlegen von Rettungshügeln, die gegen die starken Verluste in der Biberpopulation bei Hochwasser der begradigten Elbe halfen, konnte sich der kleine Bestand über Wasser halten. Da er am Ende des Zweiten Weltkrieges abermals rückläufig war, formierte sich eine ganze Reihe von Menschen, die sich nun aktiv für den Biberschutz einsetzten. 1954 wurde der Biber als vom Aussterben bedrohte Art auf dem Gebiet der DDR unter Schutz gestellt. Nur drei Jahre später erhielten seine wertvollsten Vorkommensgebiete Natur- oder Landschaftsschutzstatus.

Ein dichtes Biber-Betreuernetz entwickelte sich für den Raum Sachsen-Anhalt unter hoher

Beteiligung ehrenamtlicher Helfer. Besonders die Öffentlichkeitsarbeit sorgte für die Akzeptanz des nicht immer unkomplizierten Bibers in der breiten Bevölkerung. Denn wo Biber nichts anderes finden, fällen sie auch schon einmal einen Obstbaum, der gerade in Ufernähe steht. Bald gab es wieder so viele Biber, dass man einen zweiten Schritt wagte und die Biberbestände durch Umsiedlungen in weit entfernte Gebiete zu unterstützen suchte. Seit 1973 wurden Biber in Gebiete weit über die DDR hinaus regelmäßig verschickt. Selbst heute noch gehen Biber aus ihrem ursprünglichen Kerngebiet auf Reisen – mit menschlicher Unterstützung bis nach Dänemark und in die Niederlande.

Der Biber aber hat gezeigt, dass er diese Art von Hilfe eigentlich nicht nötig hat. Die erneute Ausbreitung den Elbelauf hinunter haben die Biber ganz allein fertig gebracht. Und ein Ende der Ausbreitung ist nicht abzusehen. So geriet ausgerechnet der Biber zum hervorragenden Beispiel für gelungenen Naturschutz. Das Ergebnis sehen wir hier direkt vor der Haustür.« Björn lehnt sich zufrieden zurück und weist auf die Elbe hinaus – obwohl wir keinen einzigen Biber gesehen haben. »Genau darum mag ich den Biber. Er liebt ruhige, überlegte Bewegungen. Und ohne übertriebene Hast erreicht er letzten Endes das, was er will.«

Drei Deerns und ein Nagetier

Das Vorkommen des Bibers vor der eigenen Haustür nahm ein Lehrer zum Anlass, durch drei seiner Schülerinnen eine außergewöhnliche Hausarbeit fertigen zu lassen. 2008, ein Jahr danach, treffe ich mich mit zweien von ihnen in ihrem ehemaligen Untersuchungsgebiet an der Elbe, sowie dem »Biberbetreuer« Claus Hektor vom NABU (Naturschutzbund Deutschland e.V.), der das Gebiet gut kennt, und Niklas Mischkowski, der gerade mit seinem »Freiwilligen Ökologischen Jahr« (FÖJ) beim NABU begonnen hat. Mit schweren Spektiven ausgerüstet stapfen

Elbebiber im Hauptstrom

Björn Sander auf einem Biberdamm

wir zu fünft in die Elbaue. Dabei erzählt mir Annett Lebenatus von der Idee des Lehrers und den Anfängen ihrer Arbeit: »Bislang gab es an der Integrierten Gesamtschule Geesthacht (IGG) Projekte, die bereits in der 11. Klasse anfingen. Darin konnte man sich beispielsweise intensiv um ein Biotop kümmern. Jedoch standen wir unter erheblichem Zeitdruck wegen des Zentralabiturs, welches uns als erstem Jahrgang bevorstand, so dass das ökologiebezogene Projekt auf das 12. Schuljahr verschoben werden musste. Wir hatten dann fast ein Jahr Zeit, um uns in Gruppen zusammenzufinden und eigenständig an einem ausgewählten Projekt zu arbeiten.

Unser Lehrer im Leistungskurs Biologie, Herr Klausen, schlug uns einige Themen vor, worunter sich der Elbebiber befand. Obwohl wir hier an der Elbe groß geworden sind, wussten wir nichts von den Bibern direkt vor unserer Haustür. Doch lag auch ein besonderer Reiz darin, etwas so Nahegelegenes mit etwas für uns völlig Unbekanntem zu verbinden. Das Thema hatte unsere Neugierde geweckt. Herrn Klausen waren die vielen gefällten Bäume beim täglichen Joggen schon lange aufgefallen, und er war darauf gekommen, dass es hier Biber geben muss. Er wusste aber auch nicht so viel darüber.«

»Und wie seid ihr dann vorgegangen?«, frage ich. Ihre Mitschülerin Janina Kuhn meint dazu: »Wir hatten zunächst ein Konzept erstellt, wie wir vorgehen wollten. Wir stellten uns die Aufgabe, das Elbebibervorkommen im Bereich der Elbe zwischen Lauenburg und Geesthacht genau zu dokumentieren. Wir wollten darüber hinaus Biber und Lebensraum beschreiben und das Verhältnis zwischen Biber und Mensch untersuchen. Unsere erste Anlaufstelle waren dann die Tafeln des Biberlehrpfades am Alten Sandkrug, auf die uns unser Lehrer inzwischen auch aufmerksam gemacht hatte. Wir nahmen also Kontakt auf zu Björn Sander, der für den Lehrpfad verantwortlich ist. Glücklicherweise fand relativ zeitnah ein Seminar in Schleswig-Holstein statt zum Thema ›Der Biber ist da! Chancen und Probleme‹, an dem wir teilnahmen. Dort lief uns Herr Hektor über den Weg, der auch schon lange im Biberschutz tätig ist. Fortan erfuhren wir durch die Herren Sander und Hektor Unterstützung über die gesamte Projektzeit. Herr Hektor war dann auch derjenige, der uns unseren ersten Biber gezeigt hat.«

Apropos Biber sehen – meine Intention ist immer noch, selbst meinen ersten Biber vor Ort zu sehen. Und allmählich wird es dämmerig in der Aue. Vielleicht haben die Biber an diesem Abend etwas Anderes vor, doch zu meiner ersten Sichtbeobachtung komme ich jedenfalls nicht. Und eigentlich ist das jetzt auch nicht mehr so wichtig. Wichtig erscheint mir die tiefe Erkenntnis, dass nicht alle jungen Menschen gleichgültig eingestellt sind gegenüber ihrer Umwelt. Projekte wie das der Gesamtschule Geesthacht sind vorbildlich.

Annett und Janina erzählen, dass sie jetzt mit ganz anderen Augen durch die Landschaft gehen, die sie schon so lange zu kennen glaubten. »Selbst in für uns neuen Landschaften ist unser Blick fürs Detail geschult worden. Auf einer Reise nach Regensburg sind uns beispielsweise ebenfalls viele Biberspuren am Rand der dortigen Gewässer aufgefallen – und zwar in viel höherer Zahl noch als hier an der Elbe. Das wäre uns ohne diese Projektarbeit gar nicht aufgefallen.«

Und auch Menschen wie Claus Hektor sind für den Naturschutz wichtig, Menschen, die sich mit »ihren« Tieren identifizieren können. Und auf den einzelnen Flussabschnitten der Elbe und der anderen Ströme in Deutschland gibt es inzwischen einige davon.

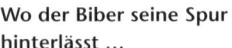

Wo der Biber seine Spur hinterlässt …

Nachtrag

Kurze Zeit später finden ein wenig stromaufwärts Artenschutztage statt. Ich erhalte eine Einladung von dem Mann, über den im Kapitel um den Ur die Rede sein wird. Ich habe das Glück, mit einer Studentengruppe in der Elbtalaue kartieren zu dürfen. Der leitende Zoologie-Professor macht das nicht zum ersten Mal.

Es ist 12 Uhr mittags. Die Sonne strahlt mit ganzer Kraft. Wir betreten eine mit Weiden dicht bewachsene Buhne, die weit in die Stromelbe hineinragt. Der Professor erklärt uns die Vegetation und die Biber und überhaupt alles. Doch als ein Biber nur wenige Meter entfernt direkt auf uns zu schwimmt, gerät der Professor (der offenbar noch nie zuvor einen Biber gesehen hat) völlig außer Rand und Band und schreit aus Leibeskräften: »Biber!«

Ein Klatschen, ein »Fußabdruck« an der Wasseroberfläche (so nennt man die Stelle, die durch Spiegel und Ringe zeigt, an der der Biber abtauchte), viele offene Münder und ein verlegener Herr Professor – das ist für den Moment alles, was der Biber hinterlässt. Doch ich bin hochzufrieden – habe ich doch gerade meinen ersten Biber beobachtet, wenn auch, dank des Herrn Professors, nur für Sekunden.

Merkmal-Katalog Elbebiber (*Castor fiber albicus* Matschie, 1907)

Synonyme: Meister Bockert

Assoziation: Fleiß; Burg und Damm bauen; Bäume fällen per Kegelschnitt; breite beschuppte Schwanzkelle; in der Mythologie der Indianer spielt er als »Kleiner Bruder« eine wichtige Rolle; in der Werbung steht er als Zeichen für Baumärkte (Fleiß und Bautätigkeit) und Zahnreinigung (für vermeintlich weiße Zähne).

Systematik: Klasse: Säugetiere (*Mammalia*) – Ordnung: Nagetiere (*Rodentia*) – Familie: Biber (*Castoridae*). Der Elbebiber ist eine Unterart des Eurasischen Bibers *Castor fiber* Linné, 1758.

Verbreitung: Die Gattung *Castor* mit ihren beiden Arten *fiber* und *canadensis* bewohnte früher weite Teile der Nordhalbkugel.

Lebensraumtypen: Früher entlang nahezu aller Flüsse und Ströme. Darüber hinaus Lebensräume aktiv gestaltend. Dabei relativ anspruchslos, was die Gewässergüte angeht. So bevölkern Biber beispielsweise einen Dorfweiher bei der Lutherstadt Wittenberg an der Elbe, in dem nach Einleiten von Industrieabwässern nicht viel überlebte – außer einem Biberpaar. Im Wunschbild des Bibers herrschen sicher ruhige Gewässer (die er aber zur Not selber beruhigt) mit einer ausgedehnten Weichholzaue (aus Pappeln und Weiden) und einer üppigen, krautigen Vegetation und vorgelagerter Schwimmblattzone vor.

Körper: Augen, Ohren und Nasenlöcher etwa auf einer Linie gelegen, so dass sie den Biber befähigen, tief eingetaucht seine Umgebung mit vielen Sinnen gleichzeitig wahrzunehmen. Gehört zu den »ufergebundenen Säugetieren«. Auffällig sind die kräftigen, orangefarbenen, wurzellosen Schneidezähne (daher zeitlebens Längenwachstum), der kräftige Schädelbau, das dichte Haarkleid (Haardichte bis zu 23.000 Haare pro Quadratzentimeter, auf dem Rücken deutlich weniger), die starke Schwimmhautausbildung nur an den Füßen (zwischen den Fingern nur andeutungsweise, wenn überhaupt) und der kellenartige, beschuppte Schwanz (als Steuer, Sitzstütze, Temperaturregler und Fettdepot). Biber verfügen über Drüsensäcke, die fetthaltiges Sekret, das sogenannte »Bibergeil«, produzieren (zur Fellpflege und Reviermarkierung). Zitzen als äußeres Unterscheidungsmerkmal der Geschlechter bei stillenden ♀♀ sichtbar, die Geschlechtsorgane dagegen nicht. Begattungsorgan des ♂ im Körper verborgen, was zum Gattungsnamen *Castor* (beschnitten/kastriert) führte. ♀♀ tatsächlich etwas größer im Mittel als die ♂♂

Gewicht: 20 bis 35 Kilogramm

Biologie: Biber führen eine Einehe und leben im engen Familienverband. Zwei bis fünf Junge kommen nach einer Tragzeit von 105 Tagen mit einem Geburtsgewicht zwischen 450 und 500 Gramm in einer Burg oder Erdhöhle zur Welt.

Biberburg an der Elbe

Ernährung: Rein Vegetarisch. Bevorzugt Weiden- und Pappeltriebe, viele Arten krautiger und Schwimmblatt-Pflanzen (z. B. Kohldistel, Mädesüß, Große Brennnessel, Ampferarten, Seerosen, Teichmummeln). Mehr als 280 unterschiedliche Arten unter den krautigen Pflanzen sowie zahlreiche verschiedenartige Gehölze sind als Nahrungspflanzen bekannt. Die pflanzensaftführenden, nährstoffreichen Kambiumschichten der Gehölze sind besonders begehrt. Bei Nahrungsnot (z. B. bei Einschluss in der Burg während des Winters) werden Holzteile bis hin zu kleiner Würfelform heruntergenagt. Lange Blinddärme ermöglichen die Verdauung zellulosereicher Rindennahrung. Die Stillzeit beträgt sechs bis acht Wochen; hinzu kommt pflanzliche Kost bereits nach zwei Wochen.

Bestand: Eine Zählung 1961 ergab nur 210 Individuen des Elbebibers am Mittellauf der Elbe. Bundesweit wird er aktuell wieder auf ca. 7000 Individuen beziffert (inklusive eingebürgerter anderer Unterarten und der Art des amerikanischen Bibers). Seit Anfang der 1990er-Jahre ist der Elbebiber zurück in Schleswig-Holstein, Hamburg und Niedersachsen. Der Weltbestand des Bibers wird für den Zeitraum vor 250 Jahren noch auf 60 Millionen geschätzt, heute dagegen auf knapp 2 Millionen. Anteilig auf diese Schätzung entfallen auf den Biberbestand in Europa und Asien 430.000 Tiere.

Schutzstatus: In Deutschland als »geschützte Art« nach der »Bundesartenschutzverordnung« vom 16.2.2005 und in Deutschland seit 1976 als nicht mehr jagdbare Art geführt; in Kategorie 3 (gefährdet) in »Rote Liste Deutschland« geführt; nach »Berner Konvention« in Anhang III geführt (schutzbedürftig, aber verschiedene Populationen können in Ausnahmefällen bejagt oder genutzt werden); sowie streng geschützte Art von gemeinschaftlichem Interesse nach FFH-Richtlinie (92/43/EWG), Anhang II (Gebietsschutz ihrer Lebensräume) und IV. Nach der IUCN wird die Art des eurasischen Bibers als »gering gefährdet« eingestuft. Nach der Meinung der meisten Experten werden heute eurasische und amerikanische Biber als zwei genetisch eigenständige Arten betrachtet, da sie sich in ihren Chromosomenzahlen unterscheiden.

Weißstorch –
Verlust einer Landschaft

Der Weißstorch gehört zu den besonders attraktiven Arten. Sein Anblick war den Menschen so vertraut, dass die meisten ihn gar nicht als etwas Besonderes empfunden haben mögen. Dass der Storch fürs Kinderbringen verantwortlich ist, ist beinahe so geläufig wie dass der Nikolaus am 6. und der Weihnachtsmann am 24. Dezember kommt. Und nicht nur die Menschen auf dem Land erzählen sich bis heute die Geschichte vom Kinder bringenden Storch, sondern auch die Menschen, die in der Stadt groß geworden sind. Der Storch hat sich mit seinem markanten Äußeren so sehr in unser Gedächtnis gebrannt, dass die meisten von uns gar nicht bemerkt haben, dass er aus unserer Landschaft schon fast verschwunden ist. Doch gibt es Menschen, die um ihn bangen und um seinen Erhalt bemüht sind.

Pillenknick beim Storch?

Wer vom Storch ins Bein gebissen wird, hat in nächster Zukunft ein Kind zu erwarten. Laut Aberglauben bringt der Storch dieses dann höchstpersönlich vorbei. Auch bei brütenden Störchen auf dem Dach dachte man an eigenes bevorstehendes Familienglück. Nur mit dem Nachwuchs bei den Störchen selbst hapert es seit Jahren. Früher zu einer weit verbreiteten, geradezu »vulgären« Tierart zählend, gehört der Weißstorch heute in Deutschland zu den Raritäten.

Wenn es früher um die Weihnachtszeit zu den Verwandten ging, zählten viele Kinder zum Zeitvertreib (und um sich über die Trennung von den gerade erst erhaltenen Geschenken hinwegzutrösten) Weihnachtsbäume. Ein regelrechter Wettbewerb entstand daraus. In den 1960er-Jahren aufgewachsen, zählten mein Bruder und ich in den großen Ferien in gleicher Weise, wenn es mit dem Auto in den Süden ging, Störche. Sie folgten oft den Traktoren auf der Jagd nach aufgescheuchtem Kleingetier.

Damals war das Zählen der Störche noch ähnlich ertragreich wie das der Weihnachtsbäume. Wenn die Bauern parallel zur Autobahn pflügten oder die Sommerernte einbrachten, so waren 20, 30 und mehr Weißstörche zusammen keine Seltenheit. Sie bewegten sich erst langsamen, gemächlichen, geradezu würdevollen Schrittes, um dann gleich darauf in eine blitzschnelle, hektische Bewegung überzugehen. Sie erbeuteten Großinsekten, Kleinsäuger, Reptilien, Amphibien und Würmer, die vom Traktor aufgescheucht oder freigelegt wurden. Dieser Anblick ist heute extrem selten geworden. Ein einzelnes Storchenpaar bei der Verfolgung einer modernen Landmaschine zu beobachten, ist zum ausgesprochenen Glücksfall geraten. Störchezählen taugt als Rechenaufgabe für Kinder nicht mehr.

Warum ist das so? Was hat sich verändert? Hat es etwas damit zu tun, dass der Bauer heute Landwirt heißt? Wer genau hingesehen hat, dem ist sicher nicht entgangen, dass sich der land-

Storchennest in der
Sudeniederung

Storchenflug über
Südafrika

schaftliche Wandel bereits vor diesem Namenswandel vollzogen hat, allmählich und schleichend.

Redewendungen wie »Brat' mir einen einen Storch« und der »Storch im Salat« haben sich bis heute erhalten. Es gibt sogar Rezepte, wie man bestmöglich einen Storch zuzubereiten habe – doch die tatsächliche Anwendung liegt lange zurück. Vermutlich gehörte auch er in jene klösterliche Küche, von der wir bereits im Kapitel der Biber hörten. Doch hat der Verzehr von Störchen sie ganz sicher nicht an den Rand der Existenz gedrängt. Und tatsächlich spricht man vom berühmten »Storch im Salat« nicht als dessen Beilage, sondern nur dann, wenn einer unentschlossen handelt und wie ein Storch im Salat herumstochert oder sich allzu vorsichtig bewegt. Und auch beim sinnbildlichen »Storchengericht« handelt es sich keinesfalls um eine Hauptmahlzeit, sondern um eine merkwürdige Ansammlung der Stelzenvögel, die wirkt, als hielten die Tiere Gericht. Wie dem auch sei, es muss einen anderen Grund geben oder gleich mehrere Gründe dafür, warum es dem Storch in seinem Bestand heutzutage in Deutschland so schlecht ergeht.

Junger Storchenvater gesucht

Die Gründe für den Rückgang der Störche möchte ich von Andreas Hack erfahren. Er ist »junger Storchenvater« im schleswig-holsteinischen Kreis Stormarn und erst seit Beginn des Jahres 2008 im Amt. Er löste gemeinsam mit seiner Kollegin Kerstin Kommer den bisherigen Storchenvater Hermann Wulf ab, der 35 Jahre lang die Störche betreute und mit 82 Jahren in den wohlverdienten Ruhestand ging. Hack und Kommer teilen sich heute die Arbeit der Ortsgruppe Bad Oldesloe und betreuen jeweils die Gebiete westlich und östlich der A1. Beide gehören der Arbeitsgemeinschaft Storchenschutz an, für die federführend der Landesverband des NABU Schleswig-Holstein verantwortlich ist.

»Hauptaufgaben des Storchenvaters sind«, so Andreas Hack, »die Bestandsfortschreibung, Erfassung der rückkehrenden Störche und später der Jungstörche. Seine Daten gibt er an die Arbeitsgemeinschaft weiter, die dann die Ergebnisse fürs Land zusammenträgt. Er oder sie kann aber durchaus auch Ansprechpartner sein für den Horstbesitzer, wenn es mal etwas zu machen gilt. Das kann zum Beispiel finanzielle Hilfe bedeuten. 2000 bis 3000 Euro können bei der Reparatur eines morschen Horstes schnell einmal zusammenkommen.«

April, April, der Storch ist da

»Womit hat nun der Rückgang der Störche zu tun?«, frage ich. »Wie geht es den Störchen heute? Man hört immer wieder von zwei ganz unterschiedlichen Trends: Zum einen ist vom ›Storch im Aufwind‹ die Rede, zum anderen heißt es, dass es trotz aller Bemühungen mit dem Storchenbestand immer weiter bergab gehen soll. Was ist dran an diesen Aussagen?«

Andreas Hack dazu: »Beim Weißstorch ist Schleswig-Holstein ohnehin das nördlichste Verbreitungsgebiet, vermutlich aus klimatischen Gründen. In Dänemark brüten keine

Die »Storcheneltern« Andreas Hack, Hermann Wulf und Kerstin Kommer

Störche. Seit etwa 1985 hat sich nach starker Abnahme die Population auf einen Stand von ca. 200 Brutpaaren in Schleswig-Holstein eingependelt, bei dem sie sich gerade eben so erhält. Hier brüteten 1974 beispielsweise noch fast 500 Brutpaare. 2007 kam es immerhin noch zur Brut von 209 Weißstorchpaaren auf schleswig-holsteinischem Boden.

Seit einigen Jahren beringen wir allerdings keine Jungstörche mehr. In anderen Betreuungsgebieten wird das aber noch gemacht. Deshalb können wir zu den Wanderungen kaum etwas sagen. Wir wissen also nicht, wie weit diese stabilen Zahlen durch Neuzuwanderer mitbegründet werden. Die Beringungsaktionen waren stets sehr umstritten, weil diese zu Schäden an den Beinen führen können. Dadurch, dass die Störche ihre Beine zur Kühlung bekoten, wenn es heiß ist, kam es immer wieder zu Verschmutzungen und Entzündungen. Insgesamt finden sich in unserem Betreuungsgebiet für dieses Jahr 21 Storchenhorste, die besetzt sind oder waren.

Als Kinder auf dem Hof meiner Eltern spielten wir gern folgendes Spiel: Direkt vor dem Fenster stand auf einem Mast ein Storchennest. Etwa um den 1. April stand Jahr für Jahr der erste Storchenmann nach seiner Rückkehr aus dem Süden wieder drauf. Darauf warteten wir Kinder den ganzen Winter lang. Doch sobald das erste glückliche Kind den Storch sah und dieses lauthals verkündete, schlug ihm sogleich eine Welle des Misstrauens entgegen – wegen des Datums, und weil manchmal dabei gemogelt wurde. Heute habe ich eigene Kinder. Doch kennen sie dieses Spiel nicht mehr, denn die ersten Störche treffen mit Sicherheit vier Wochen eher ein als früher. Vermutlich als Folgeerscheinung des allgemeinen Klimawandels.

Ich persönlich halte die Intensivierung der Landwirtschaft in der Vergangenheit maßgebend verantwortlich für den Rückgang des Weißstorchenbestandes. Wenn man sich die Entwicklung betrachtet, die Maisäcker voranzutreiben, fällt auf, dass bei der Betreibung von Biogasanlagen eine einzige bereits zwischen 500 und 1000 Hektar Maisanbaufläche für ihren Betrieb benötigt. Das sind Monokulturen, auf denen der Storch nichts mehr zu suchen hat. Er findet dort vor allem keine Nahrung mehr. Das traditionelle Storchendorf Bergenhusen bei Schleswig zeigt gut, wie entscheidend die Nahrungsquellen die Brutpopulationen beeinflussen können: Der Ort liegt sehr weit nördlich in der Storchenverbreitung; die Art würde dort wahrscheinlich nur noch sehr vereinzelt vorkommen. Zur Zeit brüten aber jedes Jahr zwölf bis vierzehn Paare sehr erfolgreich und weitere in der näheren Umgebung. Das liegt vor allem an der Qualität des Umfeldes. Die ›Eider-Treene-Sorge-Niederung‹ – mit etwa 140.000 Hektar das größte zusammenhängende Niederungsgebiet Schleswig-Holsteins – sorgt mit Wiesen und Feuchtgebieten für die ausreichende Ernährung. Auch die in Spanien existierenden riesigen Storchenkolonien, die sich auf Müllhalden ernähren, zeigen, welche Bedeutung der Nahrungsgrundlage für den Storch zukommt.«

Ursprünglich waren alle Weißstörche Baum- und Felsenbrüter. Die verwandten Schwarzstörche sind es bis heute geblieben. In der Folge der menschlichen Besiedlung haben sich aber die Weißstörche den Menschen angepasst und sind, zumindest in Deutschland, überwiegend zu Dachbrütern geworden. Wann es dazu kam, weiß niemand so ganz genau. In Ländern wie Ungarn hat man es bis heute fast ausschließlich mit Baumbrütern zu tun. Man stößt auf geradezu ideale alte Bauernhöfe, auf deren Dächern aber kein einziger Storch brütet. Doch daneben kann ein einziger dünner Robinienbaum stehen, auf dem fünf Storchennester gleichzeitig in Betrieb sind, mit einem jeweiligen Gewicht von bis zu einer halben Tonne.

»Mittlerweile zeichnet sich abermals ein Wandel in der Storchenbruttradition ab«, berichtet Andreas Hack, »und fast alle Störche brüten in unserem Kreis auf Masten sowie hohen Schornsteinen und nur noch wenige auf Dächern. Irgendwann kommt es mal soweit, dass diese Dächer repariert werden müssen, anschließend entscheiden sich viele menschliche ›Horstbesitzer‹ dagegen, wieder ein Nest aufs Dach zu bekommen. In einem Fall war das Storchenpaar bereits freiwillig auf einen Mast ausgewichen. Die früheren Stallgebäude wurden saniert und zu Wohngebäuden umgebaut. Und dieser Mast war ausgerechnet im Bereich, wo die Menschen ein- und ausgingen. So mussten die Störche auch von dort weichen. Glücklicherweise ließen sie sich auf einem Betonmast in einiger Entfernung ansiedeln.«

»Besteht eine Verpflichtung für den Besitzer, auf dessen Grundstück beziehungsweise Haus ein Storch brütet, diesen zu schützen?«, frage ich den Stormarner Storchenvater voll Interesse. »Vielleicht dem Denkmalschutz ähnlich?« »Eigentlich schon«, sagt Andreas Hack. »Ein Storchennest ist ein geschütztes Biotop nach dem Landesnaturschutzgesetz. So lange der Horst besetzt ist und etwa fünf Jahre darüber hinaus hat dieser Bestandsschutz. Der Storchenhorst ist zwar Eigentum der Hausbesitzer, aber es handelt sich um ein Biotop auf dem Dach beziehungsweise heute meist auf einem Mast davor, vergleichbar mit der Orchideenwiese als Bestandteil der eigenen Weide, die nicht einfach umgepflügt werden darf. – Die meisten haben ihre Störche aber ohnehin lieb.«

Früher war nicht alles besser

Selten kommt es zu einem plötzlichen, unerklärlichen Einbruch der Population einer Tier- oder Pflanzenart. Meist handelt es sich um einen Prozess, der langsam beginnt und absehbar ist. Doch bevor er von der Allgemeinheit erkannt wird, ist es oft bereits zu spät.

Oft werden in der Vorstellung klare Linien zwischen wilder Naturlandschaft, romantischer Kulturlandschaft und – im krassen Gegensatz dazu – grauer Großstadtmonotonie gezogen. Eine bis heute weit verbreitete Klischeevorstellung gibt es vor allem von der vermeintlichen Bauernhofidylle. Abgesehen von der schweren Arbeit, die die Menschen in der Landwirtschaft früher zu leisten hatten, war es auch für die gehaltenen Tiere kein »Zuckerschlecken«.

Noch standen der Storch auf dem Dach und der Hahn auf dem Mist. Doch wer genau hinsah, konnte bereits in den letzten Jahrhunderten die heutige Entwicklung erkennen. Die Abhängigkeit des Menschen vom domestizierten Tier und die zunehmende Massentierhaltung gingen mit den landschaftlichen Veränderungen einher und beeinflussten diese in umgekehrter Richtung.

Bis heute besteht kein klares Bild der eiszeitlichen Landschaften. Vermutlich war ausgedehntes Grasland weit verbreitet. Doch als am Ende der letzten Eiszeit nahezu alle Großtierarten und damit die natürlichen Landschaftspfleger verschwunden waren – aus welchen Gründen auch immer –, setzte offensichtlich die sogenannte »Wiederbewaldung« ein. Verschiedene Vegetationsstadien wurden durchlaufen, und es herrschte alsbald ein Laubmischwald vor, in dem Rothirsch, Elch und Wildschwein lebten, aber auch Ur, Wisent und Wildpferd ein Restrefugium fanden. Der moderne Mensch, der bereits vor Ende der letzten Eiszeit in Mitteleuropa eintraf, begann in den nur 700 Jahren zwischen dem 7. und 13. Jahrhundert den Wald großflächig zu roden und daraus Ackerland zu formen.

Für Flora und Fauna hieß es sich umzustellen – oder auszusterben. Man muss zugeben: Vielen Tier- und Pflanzenarten kam die Öffnung des Waldes gar nicht ungelegen. Fast wie in Erinnerung an ihre eiszeitliche Verbreitung fanden erneut Feldhamster, Rebhuhn, Wachtel und viele andere Arten zurück ins heutige Deutschland, sofern sie nicht ohnedies auf Biberwiesen und auf Ruderalstandorten entlang der großen Ströme überlebt hatten. Genau solches wird für den

In der Agrarlandschaft

Weißstorch gegolten haben, der schon damals, mit Schwarzstorch und Graureiher vereint, zahlreich an Elbe, Weser und Rhein fischen ging.

In den ersten Tagen der aufkommenden Landwirtschaft fanden sich sogenannte »Unkräuter«, die wir so nicht nennen wollen, in zahlreichen Arten auf den Feldern und um die Höfe ein. Blaue Kornblumen und roter Klatschmohn stachen ins Auge zwischen dem Goldbraun der meisten Getreidesorten. Schwarznessel, Guter Heinrich und Herzgespann wuchsen dort, wo die Katze eng ums Haus schlich. Das spontane Aufkommen der Pflanzen hatte verschiedene Gründe, ihr Verschwinden fatale Auswirkungen.

Geranien und Störche

Viele dieser Wildkräuter hatten es nicht weit und kamen als Samenpakete von den periodisch trocken fallenden, heißen Auenstandorten aus unmittelbarer Nachbarschaft. Andere gelangten über den damals bereits aktiven Handel aus dem Süden nach Deutschland. Als vorteilhaft erwiesen sich dabei ihr oftmals kurzer Generationenwechsel, ihre rasche Blühfähigkeit und ihre enorme Fertilität. Sie fanden sich nach einigen Generationen der Erprobung zu neuen, eigenen »Pflanzengesellschaften« zusammen, die es anderswo nicht gab. Zahlreiche Tierarten gingen Abhängigkeiten zu diesen ein. Und allmählich trug das alles zum »Bauernhofidyll« bei: die Kornblume im Feld, das Rebhuhn davor, der Storch auf dem Dach, der Spatz eine Etage tiefer, die Schwalbe im Stall bei den Kühen, der Ofen in der Wohnstube, das Holz dafür im Mittelwald, die Katze hinterm Ofen, der Hund in der Hütte vorm Haus, die Bauernfamilie versammelt am Fenster – und darunter: die Wild- und Heilkräuter, die dort noch stehen durften anstelle von Geranien (*Pelargonium*-Arten).

Doch im Zuge menschlichen Ordnungssinnes und der Wirtschaftlichkeit bis in den letzten Winkel begann der Untergang der wilden Kräuter und ganzer Lebensgemeinschaften. Die Artenvielfalt im Dorf ging verloren. Knicks (in Norddeutschland verbreitete Hecken aus Saum-, Mantel- und Strauchgesellschaften mit starken Bäumen als Überhälter, die im Abstand von einigen Jahren »auf den Stock« gesetzt, »geknickt« werden) und von Generationen zuvor mühsam angelegte Lesesteinhaufen und -mauern mussten der Flurbereinigung weichen. Anstelle des Sortenreichtums und der kleinräumigen, strukturreichen Vierfelderwirtschaft im Landbau folgten Einheitssorten und Monokulturen.

Doch als besonders tragisch sollte sich das Trockenlegen der Feuchtgebiete auswirken. Vor allem die Beseitigung und das Zuschieben der Kleinstgewässer, Dorfweiher und Sümpfe bedeutete das Ende der Unken und Laubfrösche, Kammmolche und Schlangen. Ihnen folgte der Weißstorch mit langen Schritten. Zunächst sollte ihm noch ein kurzfristiger Wechsel auf die Felder gelingen, auf denen er den sich rasch weiterentwickelnden Landbaumaschinen folgte und sich von Insekten und Wühlmäusen anstelle der früher so zahlreichen Frösche und Molche ernährte. Den Wechsel vom Baum- zum Hausdachbrüter hatte er bereits erfolgreich vollzogen. Doch mit zunehmendem Einsatz der Insektizide, Fungizide, Herbizide und anderer Gifte blieb schließlich auch diese Nahrungsquelle aus. Und immer noch treibt es die Menschen um, ihre Dörfer vermeintlich schöner zu gestalten – ohne »hässliche Unkrautecken«, alte Weiher, »Mückenplage«, »Unkenlärm« und Froschkonzert – und letztendlich ohne Storch.

Wenn der Mensch einst daran glaubte, dass der Storch die Kinder bringe, so ist es heute an ihm, die Zukunft für dessen Nachwuchs zu sichern. Ob sich all die Mühe, die Menschen wie Andreas Hack, Hermann Wulf und Kerstin Kommer sich mit ihren Störchen machen, am Ende auszahlt und ob unsere Kinder wieder Störche aus dem Auto heraus auf der Reise in den Süden zählen können, steht nicht in den Sternen, sondern liegt in unseren Händen.

Merkmal-Katalog Weißstorch
(*Ciconia ciconia* Linné, 1758)

Störche für unsere Kinder

Synonyme: Storch, Hausstorch, Klapperstorch, Meister Adebar

Assoziation: Auffälliger und typischer Zugvogel; Schnabel-klappern; lange Beine; langer Schnabel; im Volksmund: Kinder-bringer, Glücksbringer, ein Storchennest auf dem Dach soll Eigentümern Kindersegen und Geld bescheren und Blitz und Feuer abhalten, rote Strümpfe

Systematik: Klasse: Vögel (*Aves*) – Ordnung: Schreitvögel (*Ciconiiformes*) – Familie: Störche (*Ciconiidae*)

Verbreitung: In Europa, Afrika sowie einem kleinen Teil Asiens

Lebensraumtypen: Früher Ränder der Auwälder und offene Auwiesen sowie Baumsavannen. Begleiter der großen Weide-tiere, ersatzweise auch der Haustiere, die ebenso wie die wil-den Huftiere Beutetiere wie Insekten, Nagetiere, Reptilien und Amphibien »unabsichtlich« für ihn aufscheuchen. In Deutsch-land wurde etwa ab dem Mittelalter aus Verlust an natürlichem Lebensraum und im Zuge der Anpassungsfähigkeit ein Wech-sel in die sich ausbreitende Kulturlandschaft vollzogen und der Brutstandort von Bäumen auf Dächer verlegt.

Körper: Bis knapp über ein Meter Scheitelhöhe; überwiegend weißer Vogel mit schwarzen Schwingenteilen, rotem langen Schnabel und roten Beinen im Erwachsenenalter; bei Balz- und Brutzeremonien mit zurückgelegtem Kopf und Hals laut schna-belklappernd

Gewicht: 2,5 bis 4,5 Kilogramm

Biologie / Brutzeit: In Deutschland mit Ausnahmen Sommer- und Brutvogel. Eine Brut pro Sai-son. Gebrütet wird in der Regel erhöht auf Bäumen, Häusern (Dach, Schornstein etc.), Strommas-ten, extra montierten Masten mit Wagenrädern obenauf, Felsen. Drei bis fünf mattweiße, fein-körnige Eier in der Größe 73 mal 52 Millimeter. Beide Partner brüten ab April/Mai vier bis fünf Wochen lang. Die Jungen sitzen etwa 63 Tage im Nest. Im Laufe des August bzw. September ver-lassen mitteleuropäische Weißstörche ihr Brutgebiet, die Jungstörche in der Regel zwei Wochen früher als die Altvögel. Als Segelflieger nutzen Weißstörche warme Aufwinde (Thermik). Sie umflie-gen in zwei Hauptrichtungen das Mittelmeer und überwintern in Westafrika einerseits und Ost- bis Südafrika andererseits. Vereinzelt wird auch in Mitteleuropa überwintert. Männliche, revierein-nehmende Störche treffen vor allen anderen in den Brutgebieten ein, mittlerweile alle etwa einen Monat früher als vor einigen Jahrzehnten, in Deutschland im Februar bis April.

Ernährung: Hauptsächlich Amphibien, Reptilien, Kleinsäuger, Großinsekten (wie Heuschrecken), Würmer, Fische, Kadaver

Bestand: Noch in den 1930er-Jahren etwa 9000 Brutpaare in Deutschland. Heute brüten etwa 4500 Storchenpaare in ganz Deutschland. Weltweit existieren zurzeit etwa 230.000 Brutpaare (weltweit betrachtet ist in den letzten Jahren wieder ein leichter Populationsanstieg zu verzeichnen).

Schutzstatus: In Deutschland in Kategorie 3 (gefährdet) der »Roten Liste Brutvögel« eingestuft, jedoch europa- und weltweit als »ungefährdet« erachtet und daher nicht in der Roten Liste geführt; »gefährdete Art« nach »Berner Konvention« in Anhang II; ebenso Anhang II-Art nach »Bonner Konvention« (für wandernde Tierarten, für die Abkommen zu schließen sind, in un-günstiger Erhaltungssituation befindlich) sowie als »streng geschützte Art« betrachtet nach der »Bundesartenschutzverordnung« vom 16.2.2005; Anhang I-Art der EU-VSR (wertgebende, ar-tenschutzrechtlich relevante Arten von gemeinschaftlichem Interesse); außerdem im »Afrikanisch-Eurasischen Wasservogel-Abkommen« und in der »Ramsar-Konvention« vermerkt.

Ur – Uhrzeit abgelaufen ...

Der Ur lehrte den Menschen das Malen und die Kunst des Melkens. Er gehörte zu den Lieblingsmotiven der steinzeitlichen Höhlenmaler. War er während der Eiszeit noch einer der häufigsten Großsäuger Deutschlands und Eurasiens, so starb er spätestens im Mittelalter überall aus. Seine Nachfahren dagegen gehören heute als »Schwarzbuntes Niederungsrind« zum vertrauten Bild der Kulturlandschaft. Knapp 400 Jahre nach seiner Ausrottung feiert er zumindest als robuste Zuchtform sein Comeback im Zusammenhang mit groß angelegten Landschaftspflegemaßnahmen. Doch: Wer war der Ur eigentlich?

»Saal der Stiere«

Obwohl durch menschliche Verfolgung im Laufe des Mittelalters ausgerottet, blieb das unbekannte Tier zumindest über die spezielle Freizeitgestaltung des Kreuzworträtselns dem Menschen in Erinnerung (Kreuzworträtselfrage: »Auerochse mit zwei Buchstaben?« – Antwort: »Ur.« Richtig.). Der Ur ist das Tier der vielen Namenspseudonyme. Doch ob er nun als Ur, Auerochse, Auerox, Auer oder Urus daherkommt, bewegen sich doch alle Bezeichnungen im engen Umfeld des Wortstammes Au und erfahren lediglich leichte regionale Abwandlung. Das Tier, das dahinter steckt, führt einen seiner angeblich bevorzugten Lebensräume im eigenen Namen. Die Au oder Aue steht für Wasser oder Flusswald. Damit sind die periodisch überschwemmten Wälder gemeint, die früher in breiten Bändern die Flüsse und Ströme begleiteten.

Ure sollen, nachdem sie in großer Zahl über die offene Landschaft der Eiszeit zogen, nach der Wiederbewaldung gezwungen gewesen sein, nunmehr in kleinen Familiengruppen auf engen Pfaden zu wandern. Und es wird gesagt, dass die verbliebenen Ure zwischen Flüssen und Nahrungsgründen pendelten, vielleicht dabei die Biberwiesen nutzten, vielleicht in den periodisch auch einmal trocken fallenden Flusstälern erreichbare zarte Schösslinge naschten, später aber sicher in Konflikt mit der Weideviehhaltung der Bauern gerieten.

Als Grasesser dürften die Ure während der Eiszeiten im Paradies gelebt haben. Denn Gräser dominierten das Bild. Ure sollten dabei eigentlich so zahlreich gewesen sein, dass *sie* allein die Wiederbewaldung Deutschlands hätten verhindern können, zumindest aber hinauszögern. Laut pflanzensoziologischem Logbuch aber verlief die Wiederbewaldung »planmäßig« und ohne Unterbrechung. Irgendetwas daran kann nicht stimmen. Wir kennen heute weder den Grund des Rückgangs ehemaliger eiszeitlicher Großsäuger noch den wahren Grund für die sogenannte Wiederbewaldung. Je mehr man darüber nachdenkt, desto mehr nehmen die Zweifel an der Richtigkeit der Logbucheinträge beziehungsweise deren Interpretation zu. Weshalb hätten erstens das Klima eine Erwärmung, zweitens die vorherrschenden Gesellschaften aus Gräsern und Weidegängern eine Verdrängung erfahren und drittens die Waldbildung Oberhand gewinnen sollen – alles im gradlinigen Verlauf, ohne jegliche Irritation und Gegenwehr durch Gräser und

Weidegänger im Zusammenspiel? Und warum haben einzelne Arten wie der Ur den Untergang der übrigen Megafauna – aus einer Reihe von Schwergewichtlern wie Mammut, Wollnashorn und vielen anderen Arten bestehend – überlebt?

Die Geschichte des Rindes ist auch die Geschichte des Menschen. Darüber haben bereits viele Menschen an anderer Stelle berichtet. Vor allem das Hausrind als Nachfahr des Ures hat den Menschen auf seiner kulturellen Entwicklungsreise begleitet. Aber hat das Rind auch den Menschen gerettet? Wäre der Mensch ohne Getreideanbau und -zucht und vor allem ohne die Domestikation einiger Tierarten genauso von der Lebensbühne verschwunden wie vor ihm der Neandertaler? Den Vegetariern unter den modernen Menschen sei versichert, dass ein Überleben unserer Spezies nicht mit dem reinen Anbau von Getreide und Gemüse zu diesem frühen Zeitpunkt hätte gelingen können. Der Verzehr von Fleisch war lebensnotwendig. Doch wie hätten die Bedürfnisse der im Populationswachstum befindlichen Menschheit anders gestillt werden können, da die großen Wildherden allmählich abnahmen, wenn nicht über die Domestikation einiger verbliebener Arten?

Für den eiszeitlichen Jäger war der Ur allgegenwärtig. Die Herden zogen direkt an seinen Zeltlagern vorüber. Vermutlich wurden auch schon einmal draußen in der Steppe verloren gegangene und aufgefundene Kälbchen mit zurück ins Lager gebracht – zu einem Zeitpunkt, als

»Ur«bild

bestimmt noch niemand an eine spätere kommerzielle Nutzung der Art gedacht haben dürfte. Welche Assoziation die Menschen damals dem Wildrind entgegenbrachten, muss rein spekulativ bleiben – genauso wie die Gründe, warum die Menschen begannen, eine solche Fülle von Tiergemälden zu schaffen. Mögen die Gründe hierfür auch ewig im Dunkeln ruhen, sicher ist, dass sie es taten.

Besonders häufig ist der Ur als Motiv in der berühmten französischen Höhle von Lascaux abgebildet. Die Gemälde darin wurden zwischen 17.000 und 15.000 Jahren vor unserer Zeitrechnung geschaffen. Es sind hauptsächlich Ure, Wildpferde und Rothirsche dargestellt. Die Malereien wurden in verschiedenen Techniken ausgeführt und mit Pinseln aus Pflanzenfasern oder Tierhaaren oder mittels Mundblastechnik aufgetragen. Das Material lieferten verschiedene Böden, schwarzes Manganoxid der Umgebung und Holzkohle, die die Lagerfeuer hinterließen. Oft wurde Ocker, die eisenhaltige Tonerde, benutzt. Die aufgetragenen Farben leuchten im Fackelschein rotbraun, gelblich-sandfarben und weinrot.

Herausragend wirkt dabei der sogenannte »Saal der Stiere«. In dieser natürlichen Halle gelang es den Künstlern, einen besonders lebendigen Eindruck ihrer Objekte zu vermitteln. An den Wänden entlangziehende Tierherden scheinen darauf Tausende von Jahren das große Artensterben überdauert zu haben. Der Schein der Fackeln und jedes geschickte Ausnutzen von Wöl-

Heckrinder im Auwald

bungen zum Auftragen der Farben und Gravuren erreicht unfehlbar die Sinne des Betrachters, der daraufhin andachtsvoll die Höhle verlässt, um nur nicht den dargestellten schlafenden Stier aufzuwecken. Lascaux selbst ist der Öffentlichkeit schon lange zum Schutz der Originale nicht mehr zugänglich, direkt daneben gibt es jedoch eine originalgetreue Nachbildung der Höhle.

Niederhoff & Schulz

Weit über tausend Kilometer nordöstlich von Lascaux und gut 150 Flusskilometer elbaufwärts liegt die Sudeniederung. Das Flüsschen Sude, das sich durch diese Landschaft einst frei und wild schlängelte, hatte im Laufe der Zeit starke Begradigungsmaßnahmen über sich ergehen lassen müssen. Am Ende war ein Wasserlauf entstanden, dem seine uferbegleitende Aue abhanden gekommen war. Irgendwie hatte es das Flüsschen aber fertig gebracht, seinen Charme zu bewahren und Umweltschützer auf sich aufmerksam zu machen.

Die ganze Region war inzwischen in einen alarmierenden Zustand geraten. Die schwindenden Weißstorchpopulationen hier und überall sonst in Deutschland gaben schließlich den Ausschlag zur Gründung von »The Stork Foundation«. 1992 wurde diese Stiftung ins Leben gerufen. Seither ist sie dem Motto verpflichtet: »Störche für unsere Kinder«. Stiftungszweck ist es, den Lebensraum der Störche zu verbessern und nachhaltig zu sichern.

Die Frage war nur, wie es am besten gelingen konnte, den Mängeln zu begegnen, die durch die frühere Bewirtschaftungsweise und Trockenlegung so vieler Feuchtgebiete entstanden waren. Man entschied sich, Senken anzulegen und extensive Weidewirtschaft einzuführen. Dafür mussten nicht nur die passenden Tiere gefunden werden, sondern auch Menschen, die sich die-

Heckrinder

ser Herausforderung mit großer Freude und Elan annehmen würden. In Hans-Jürgen Niederhoff und Rolf Schulz – ein studierter Landwirt und ein Zahntechniker – wurden schließlich die richtigen gefunden. Sie sprachen bei der Stiftung vor und pachteten Stiftungsland. Einige sehr seltsam aussehende Rinder, unter anderem aus den Niederlanden, wurden besorgt, und das Freilandexperiment konnte beginnen.

Ganz neu war diese Idee zu diesem Zeitpunkt nicht mehr. Denn entsprechende Unternehmungen gab es bereits an vielen anderen Orten Deutschlands und weit darüber hinaus. In den Niederlanden existierten bereits seit den 1980er-Jahren viele tausend Hektar große Gebiete, in die man robuste Rinderrassen und andere große Huftiere eingesetzt hatte. Ziel war es, diese Gebiete einerseits kostengünstig zu unterhalten und andererseits über die extensive Beweidung die Biodiversität des Lebensraumes zu steigern.

In Deutschland und den Niederlanden greift man inzwischen gern für diese Zwecke auf die sogenannten »Heckrinder« zurück. Auch für »The Stork Foundation« sind die Tiere nur Mittel zum Zweck: Durch ihren Einsatz soll der Lebensraum für Störche gesichert und erweitert werden. Selbst wenn die Tiere ursprünglich anmuten, so weiß Hans-Jürgen Niederhoff doch zu erzählen, »dass es sich bei den Tieren, für die sich die Stork Foundation entschieden hat, nicht um eine alte Rasse handelt, sondern um ein modernes Zuchtergebnis aus der Mischung sehr alter Rassen.«

Ich habe mich mit einem der beiden Männer, die einen Teil des Stiftungslandes gepachtet haben, in Dellien/Amt Neuhaus getroffen, einem kleinen Örtchen am Rand der Sudeniederung. Wir ziehen unsere Gummistiefel an und steigen in einen kleinen Geländewagen ein. Dann geht es los. Doch haben wir es gar nicht weit – bereits nach einem kurzen Stück auf der Dorfstraße biegen wir in einen Seitenweg ein.

Wir fahren vorbei an ein paar letzten Häusern und durch ein kleines Gehölz, bis sich vor uns ein fantastischer Ausblick auf eine weite Ebene mit versprengten Baumgruppen öffnet. Darauf weiden rund 100 Heckrinder.

»Es handelt sich zwar nicht um eine alte Rasse«, sagt Hans-Jürgen Niederhoff, »aber die Tiere sind besonders robust und widerstandsfähig – und sehen obendrein auch noch sehr schön aus.«

»Um was für eine Rasse handelt es sich genau?«, frage ich, während wir auf eine niedrige Deichkrone fahren.

»Alles nahm zu Beginn des 20. Jahrhunderts seinen Anfang. Damals haben die Gebrüder Heck, die Leiter der Zoos in Berlin und München, verschiedene alte Rinderrassen wie Korsisches Rind, Englisches Parkrind, Schottisches Hochlandrind, Ungarisches Steppenrind, Spanisches Kampfrind und einige weitere Rassen zusam-

Begriff: Domestikation – Vom Wild- zum Hausrind

Unter **Domestikation** versteht man den Prozess, den Wildtiere und -pflanzen an der Seite des Menschen durchlaufen. Der Mensch übernimmt dabei über Generationen hinweg eine Selektion nach seinen eigenen Zuchtvorstellungen und schaltet dabei die natürliche Selektion weitgehend aus. Durch die Zucht entstehen Haustierformen, im Falle des Hausrindes sogar eine hohe Rassenvielfalt; es entsteht damit aber keine neue Art – der Artstatus bleibt gewahrt. Zu den aufgeführten Merkmalen der Veränderung, die während des Domestikationsvorganges entstehen, gehören unter anderem die Verstärkung der für den Menschen nützlichen Eigenschaften (wie zum Beispiel die Milchabgabeleistung beim Rind, Fleischanteilproduktion beim Schwein, Legeleistung beim Huhn etc.), Änderung der Fellfarbe und -struktur und Steigerung der Fortpflanzungsrate.

Objektiv betrachtet haben sich auch beim modernen Menschen spätestens seit Ende der Eiszeit ähnliche Phänomene eingestellt, was verschiedene Wissenschaftler dazu bewogen hat, von der »Verhaustierung« oder »Selbstdomestikation« des Menschen zu sprechen.

Das **Heckrind** (*Bos primigenius f. taurus* Linné, 1758) ist nur eine Haustierform des Ures, welche aber im Sprachgebrauch oftmals mit der Wildform verwechselt wird. Der Wunsch, eine verloren gegangene Spezies zurückzüchten zu können, hat sich als Irrtum herausgestellt. Eine einmal ausgerottete Art bleibt ein für allemal ausgerottet. Der Ur hatte nicht das Glück, das das Wildpferd hatte. Wenigstens in einer Unterart überlebte es die übrige Ausrottung seiner Art. Dennoch haben die Zuchtbemühungen der Gebrüder Heck – nach denen das Heckrind benannt ist – am Ende etwas überaus Positives bewirkt: Sie schufen mit ihm eine Rinderrasse, die der moderne Landschaftsschutz für sich entdeckt hat. Man ist bemüht, die ehemalige Funktion des Ures für die Umwelt durch das Heckrind einigermaßen stellenäquivalent vertreten zu lassen.

mengeführt, um im Kreuzungsergebnis einen Phänotypus zu schaffen, der der Wildform möglichst nahe kommen sollte. Dabei heraus kam das nach ihnen benannte Heckrind. Im Wesentlichen war ein Tier entstanden, welches verhältnismäßig hochbeinig war und lange, imposant
geschwungene Hörner besaß. Die Stiere werden zwar erheblich größer als die Kühe, ähnlich
wie bei ihren Vorfahren, doch erreichen sie einerseits nicht die Maße der ursprünglichen Auerochsen. Und andererseits zeichnete sich die Wildform durch einen deutlich stärkeren Geschlechtsdimorphismus aus. Es heißt, die Stiere hätten einmal eine Schulterhöhe von über
1,80 Metern erreicht bei fast einer Tonne Gewicht, die Kühe blieben dagegen etwa 30 Zentimeter niedriger und waren deutlich leichter. Die Stiere der Wildform sollen schwarz gewesen
sein, bis auf das helle Mehlmaul und den gelblichen Aalstrich, der sich vom Nacken angefangen über die gesamte Rückenlinie erstreckte und an der Schwanzwurzel endete. Die rotbraunen
Kühe besaßen dagegen einen dunklen Aalstrich, aber das gleiche helle Mehlmaul. Die Kälber
wurden mit einer rotbraunen Grundfarbe geboren.

Bei den Heckrindern kommen sowohl dunklere als auch hellere Kälber vor – wie man in
unserer Herde sehen kann. Das hängt mit der jeweiligen Herkunft zusammen. Selbst nach 20,
30 oder 50 Jahren kann die Farbe der Ausgangsrassen wie dem Schwarzbunten Niederungsrind
immer wieder durchschlagen.«

Rinder weiden für die Artenvielfalt –
Von Grauammer bis Wachtelkönig

Hans-Jürgen Niederhoff hält den Jeep an und lehnt sich ein wenig über das Lenkrad. Dann erzählt er von den Anfängen des Projektes: »Zur DDR-Zeit wurde hier intensive Grünlandwirtschaft betrieben. Bis 1945 gehörte das Land zu Hannover, obwohl wir uns hier nördlich der Elbe befinden. Die Engländer verkauften dieses Gebiet an die Russen. Damit wurde das Land der russischen Besatzungszone übereignet und gehörte fortan zu Mecklenburg-Vorpommern. Nach der Wende kam gleich wieder der Gedanke auf, zurück zum Kreis Lüneburg zu gehen und damit wieder niedersächsisch zu werden. Am ersten Juli 1993 wurde dieser Schritt vollzogen. Gerade am vergangenen Wochenende hatten wir ›Rückgliederungsfeier‹ zum 15. Jahrestag.«

Wir fahren mit dem Jeep ein Stück weiter und verlassen die Deichkrone. Hans-Jürgen Niederhoff springt aus dem Wagen und öffnet ein Gattertor. Dann passieren wir unwegsames Gelände mit dem Wagen und nähern uns der Herde. Einige der Tiere liegen in einer ausgetrockneten Senke und äugen neugierig zu uns herüber.

»Die Stiftung hat 2002 die ersten 18 Heckrinder gekauft und mit einer Koppel von elf Hektar angefangen«, sagt Hans-Jürgen Niederhoff. »Seitdem wir hier mit Heckrindern arbeiten, hat sich die Vogelwelt sichtlich erholt. Einige Senken wurden angelegt, die sich im Winterhalbjahr mit Wasser füllen, im Sommer aber vollkommen austrocknen. Einige Amphibienarten profitieren davon, weil dadurch ihren Kaulquappen die Konkurrenz durch Fische erspart bleibt. Verschiedene Pionierpflanzen wie der Pillenfarn, dem man auf den ersten Blick gar nicht ansieht, dass er zu den Farnpflanzen gehört, benötigen ebenfalls die kostbaren Senken mit ihren wechselnden Wasserständen. Austernfischer und Säbelschnäbler brüten wieder in der Sudeniederung, genauso wie Grauammer und Wachtelkönig.« Der typische Gesang der Grauammer, der an das Klingeln eines Schlüsselbundes erinnert, ertönt hier aus jedem Weidenbaum. Und dann meint Niederhoff noch verschmitzt lächelnd, ich hätte einen Tag früher kommen sollen, denn da hätte ein ganzes Dutzend Schwarzstörche am Rande einer der gefüllten Senken gestanden.

»Zahlreiche Braunkehlchen brüten seit der Aufnahme des extensiven Weidebetriebes«, erzählt er weiter. »Zunächst hatten wir Angst, dass die Rinder die Nester der Bodenbrüter zertreten könnten. Deshalb simulierte ein Student mittels bruchempfindlicher Streichholzkonstruktionen Neststandorte. Zum einen verblüffte mich, dass keine dieser Konstruktionen von den Rindern zertreten wurde. Mehr noch aber war ich darüber erstaunt, dass dieser Student alle seine Streichholzkonstruktionen im hohen Gras wiederfand.«

»Sie beschreiben einen vollen Erfolg des Unternehmens Heckrind für die Sudeniederung?«, frage ich und kenne doch schon die Antwort.

»Absolut«, sagt Hans-Jürgen Niederhoff. »Es besteht Eintracht zwischen Bodenbrütern und Rindern. Die Vögel haben schnell heraus, welche Stellen weniger und welche häufiger von den Rindern frequentiert werden. Bei den Heckrindern handelt es sich um relativ leicht gebaute Tiere, die den Boden schonen, aber im natürlich verträglichen, andererseits aber auch nötigen Maße abnutzen. Dadurch schaffen sie besonders um die Senken herum freie Standorte, die von vielen Spezialisten unter den Tier- und Pflanzenarten benötigt werden.«

Dann schildert er mit Begeisterung, wie er und seine Frau diesen Sommer oft noch spät ins Gebiet hinausgefahren sind, um den Kranichen beim Tanzen zuzusehen. »Ich war ursprünglich konventionell eingestellter Landwirt«, sagt er. »Ich denke aber, dass man die Welt mit ganz anderen Augen betrachtet, wenn man älter wird. Ich lerne jetzt einen Blick für die natürlichen Zusammenhänge zu entwickeln, der mir als junger Mensch einfach fehlte. Jedes Tier und jede Pflanze besitzt eine Lebensberechtigung. Sich dafür einzusetzen, ist eine schöne Aufgabe, jetzt, wo ich offiziell in Rente gegangen bin. Und die Beine kann ich sowieso nicht hochlegen.«

Vom »Ur«sprung

Am Ende des Tages möchte ich von Hans-Jürgen Niederhoff erfahren, ob es zwischen ihm und den Heckrindern auch ein besonderes Erlebnis gegeben hat.

Da muss er lachen: »Ein solches Erlebnis gibt es. Aber nur, weil ich am Anfang ihre Wildheit unterschätzt habe. Einmal hatte ich vor, einem Kalb im Alter von drei Tagen die Ohrmarke einzuziehen. Die Mutter stand vielleicht 50 Meter vom Kalb entfernt. Also bin ich auf die Koppel gegangen und habe mich dem Kalb unverwandt genähert. Bevor ich es aber richtig begriffen habe, war die Kuh herangestürmt, erwischte mich mit den Hörnern und riss mich um. Wenn ich mich recht entsinne, bin ich auf den Rücken gefallen und habe eine Rolle rückwärts gemacht, während die Kuh über mich weg sprang. Das ging alles sehr schnell. Alles in allem habe ich großes Glück gehabt und mir nicht mehr als eine Genickstauchung zugezogen. Die Sache hätte weit schlimmer für mich ausgehen können, wenn das Muttertier zurückgekommen wäre. Aber sie tat es nicht. Dabei kann ich ihr den Angriff gar nicht verübeln – sie wollte einfach nur ihr Kälbchen verteidigen. Seither nehme ich mich mehr in Acht und warte ab, bis die Kälber acht bis vierzehn Tage alt sind; dann bleiben die Mutterkühe auch friedlicher.«

Ziehende Kuh mit Kalb

Merkmal-Katalog: Ur (*Bos primigenius* Bojanus, 1827)

Synonyme: Auerochse, Auerox, Auer, Urus u. a.
Assoziation: Trinkhörner der Germanen; Vorfahr der Hausrinder
Systematik: Klasse: Säugetiere (*Mammalia*) – Ordnung: Paarhuftiere (*Artiodactyla*) – Familie: Hornträger (*Bovidae*)
Verbreitung: Der Ur war über weite Teile Eurasiens inklusive dem äußersten Norden Afrikas verbreitet. Fossilfunde und Höhlenmalereien lassen auf eine besonders große prähistorische Häufigkeit schließen. Der Ausrottungsprozess ist weiterhin unklar. Hartnäckig halten sich Gerüchte, dass die Wildform 1627 in Polen ausstarb. Andere Quellen verweisen darauf, dass die letzten Tiere in Kassel ums Leben kamen, ebenfalls in der Zeit des »Dreißigjährigen

Krieges« (1618–1648). Es spricht viel dafür, dass es sich in all den dokumentierten Fällen bereits um domestizierte Tiere handelte.

Lebensraumtypen: Der Auerochse bevölkerte unterschiedliche Lebensräume wie Wald und Savanne, scheint dabei aber wenig an einen speziellen Lebensraumtyp gebunden gewesen zu sein. Er bewohnte unterschiedliche Wald- und Graslandtypen, obwohl ihm eine Affinität zu Auwäldern nachgesagt wird. Vielleicht handelt es sich im Fall der Auenlandschaften um letzte, schwer zugängliche Rückzugsgebiete, in denen sich die Art etwas länger hielt. Der Wechsel in die Kulturlandschaft, der anderen Arten gelang, scheiterte wahrscheinlich einzig und allein durch die direkte und übermäßige Bejagung.

Körper: Großer Geschlechtsdimorphismus: Während Kühe eine Widerristhöhe von etwa 160 Zentimetern erreichten, maßen Stiere zwischen 180 und 200 Zentimetern. Erwachsene Stiere besaßen eine schwarze Grundfarbe mit einem sandfarben-gelblichen Aalstrich, der vom gewaltigen Nacken über die Wirbelsäule bis zum Schwanzansatz verlief. Kühe waren von rotbrauner Farbe und besaßen einen dunklen Aalstrich.

Gewicht: Stiere wogen wohl bis zu einer knappen Tonne.

Biologie: Tragzeit 280 Tage. Urkühe lebten in Herdenverbänden unter der Führung einer Leitkuh. Stiere stießen wahrscheinlich nur periodisch dazu, verhielten sich ansonsten einzelgängerisch oder schlossen sich in lockeren Stiergruppen zusammen.

Ernährung: Ure gehörten als Rinder zu den Wiederkäuern, also den Tieren, die die teilweise verdaute Nahrung wieder ins Maul zurückbefördern, um sie noch einmal zu kauen. Die Mikroben des Rinderpansens ermöglichen eine gute Futterverwertung, wenn es sich um nährstoffreiche Nahrung handelt. Als reiner Vegetarier nahmen Auerochsen hauptsächlich Gräser, aber auch Kräuter und Zweige, sogar Moose und Flechten zu sich.

Bestand: Heute liegt der Bestand bei Null. Die Ausrottung erfolgte vermutlich während des Mittelalters. Vereinzelt hielten sich Bestände in entlegenen Gegenden vielleicht einige Jahrhunderte darüber hinaus; genau geklärt ist dies nicht, da es sich hierbei möglicherweise bereits um domestizierte und wieder »verwilderte« Nachkommen handelte. Die Domestikation des Rindes erfolgte wahrscheinlich vor etwa 8500 Jahren, eventuell auch wesentlich früher. In der Haustierform kommt der Ur heute nahezu weltweit vor.

Schutzstatus: Der Ur als Wildform ist weltweit ausgestorben und wird in der Roten Liste für Deutschland in der Kategorie 0 = »ausgestorben« geführt.

Fischotter – Bald Ökotourist im eigenen Land?

 *Der Fischotter ist ein Tier, das bei uns Menschen Emotionen weckt. Als Art früher starker Verfolgung ausgesetzt, gilt er heute vornehmlich als possierlich, knopfäugig und Flaggschiff eines ganzen Ökosystems. Wenn ihm früher die direkte Verfolgung wegen seines Pelzes und als angeblicher Fischereischädling zugesetzt hat, so bereiten ihm heute Landschaftsverbau, Verkehrszunahme und die Veränderung im Fahrverhalten die größten Probleme. Gerade nach Öffnung der innerdeutschen Grenze wurden besonders viele Otter auf bundesdeutschen Straßen der »Neuen Länder« überfahren. Vielen Autohaltern geht eben die »Liebe durch den Wagen«. Und manchmal ist es ein langer, steiniger Weg zur Vernunft.*

»Das Blaue Metropolnetz«

Fischotter sind beeindruckend – nahezu perfekte Säugetiere. Bis auf Fliegen können sie eigentlich alles andere, und zwar gut: Schwimmen (verschiedene Stilrichtungen), Tauchen, Rennen, aber auch Schmusen beherrschen sie aus dem Effeff. Sie sind aufopferungsvolle Mütter und Schwimmlehrerinnen. (Zur Kultur der Otter gehört es, dass sich die Rüden nicht um den Nachwuchs kümmern.) Sie haben sehr gut entwickelte Gesichts- und Tastsinne und verfügen über einen beneidenswert dichten Pelz. Etwa 50.000 Haare, also mehr als doppelt so viele als an den am dichtesten behaarten Körperstellen des Bibers, kommen auf einen Quadratzentimeter Otter. Aufgrund seiner vielen Fähigkeiten kann man den Otter überall antreffen, an allen Wasserwegen, aber auch weit entfernt davon. Dieser Umstand ist für den modernen Naturschutz sehr aussagekräftig. Denn nicht immer und überall geht es um die direkte Eingriffnahme in ein bestehendes Biotop, welches scheinbar für Otter geeignet ist. Oft werden vor allem Wanderkorridore der Tiere durch Baumaßnahmen weitab der Gewässer zerschnitten. Dadurch wächst der Druck auf die verbliebenen Flächen.

Ich besuche einen Ort, an dem man seit Jahren um den Erhalt des Fischotters bemüht ist und darüber grübelt, wie auch in anderen Regionen Deutschlands das Umfeld so zu verbessern ist, dass die Otter eine Zukunft haben. Am Otter-Zentrum Hankensbüttel, das zugleich Sitz der AKTION FISCHOTTERSCHUTZ e. V. ist, werden Fischotter auf Herz und Nieren untersucht. Man geht unter anderem Fragen nach wie: Was können die Tiere, welche Bedürfnisse haben sie, welchen Gefahren sind ihre Bestände ausgesetzt?

Karsten Borggräfe ist Diplom-Biologe – von Haus aus eigentlich sogar Vegetationskundler – und arbeitet in der AKTION FISCHOTTERSCHUTZ als einer von rund 50 Mitarbeitern. Er gehört dabei zum harten Kern der etwa ein Dutzend Wissenschaftler, Ingenieure und Pädagogen. Er berichtet: »Meine Arbeit ist stark projektbezogen. In der Regel geht es darum, Projekte in der Landschaft umzusetzen. Ein Schwerpunkt ist bei mir zurzeit ›Das Blaue Metropolnetz‹ in und um Hamburg. Meine Aufgabe ist die Koordination des Projektes. Wir arbeiten mit vielen Partnern zusammen. Wir versuchen, möglichst viele Menschen mit ins Boot zu holen. Daher ist es wichtig, mit diesen zu sprechen und sie von unseren Ideen zu überzeugen. Umweltbildung und die Menschen spielten für mich immer schon eine wichtige Rolle, wenn es um Naturschutz geht. Denn letzten Endes müssen wir die Menschen für unsere Projekte gewinnen, die in der Region ansässig sind.

Bei der Umsetzung des Blauen Metropolnetzes haben wir erst einmal überlegt, wo günstige Entwicklungsräume und Korridore sind und wo der Fischotter durchlaufen kann. Einmal musste von der rein fachlichen Seite her geprüft werden, wie gut die vorhandene Naturausstattung ist und welches Konfliktpotenzial der zu untersuchende Raum bietet. Die andere Seite der Arbeit war aber nicht weniger spannend, und es galt festzustellen, welche Personen und Institutionen bereits im Raum vorhanden sind, um Projekte umzusetzen. Die Erfahrung bislang hat gezeigt, dass, wenn Akteure vor Ort entweder nicht vorhanden sind oder in der Umsetzung außen vorgelassen werden, am Ende zu wenig passiert und ein Projekt dann oft in der Schublade landet, außer wir selber haben genügend Kapazitäten, um dieses von Anfang bis Ende durchzuführen.

Das Reizvolle am Projekt Blaues Metropolnetz, das von uns 2004 als Leitprojekt auf den Weg gebracht und von der Metropolregion Hamburg ausgewählt und als Leitprojekt gekürt wurde, ist für mich seine Realitätsnähe und die Einbeziehung der Menschen in der Region der Großstadt Hamburg. Ich glaube, dass bei entsprechender Öffentlichkeitsarbeit solche Unternehmen auf mehr Verständnis stoßen, nachhaltiger wirken und besser fortgeführt werden. Die Öffentlichkeitsarbeit dient nicht dem Selbstzweck, sondern dazu, die Menschen davon zu überzeugen, sich am Projekt zu beteiligen und selber aktiv zu werden.

Das Blaue Metropolnetz soll Fischottern und anderen Tier- und Pflanzenarten, aber auch Menschen zu Lebens- und Entwicklungsräumen verhelfen. In Anlehnung an das »Grüne Band«, das helfen soll, Lebensräume miteinander zu verbinden, wurde der Begriff des Blauen Metropolnetzes geprägt. Wir wollen andererseits aber nicht von einem Band sprechen, sondern von einem Netzwerk, welches sich über seine Gewässer durch die Landschaft zieht. Dabei geht es aber nicht darum, das Rad der Zeit zurückzudrehen und alte Kulturlandschaften zurückzuentwickeln. Es muss schon darum gehen, moderne Landschaftsplanung zu betreiben, angepasst an die Bedürfnisse einer modernen Gesellschaft, in der Natur aber einen ganz wichtigen Platz hat.

Gerade wenn wir in die Metropolregion Hamburg gehen, treffen wir auf sehr urbane, städtische Prägungen entlang des Flusslaufes ›Alster‹. Diesen Lebensräumen kommt dennoch eine wichtige Funktion für verschiedene Tier- und Pflanzenarten zu, und auch wieder für uns Menschen. Diese zu erhalten, gibt uns, so glaube ich, viel an Lebensqualität. Vor allem, wenn wir Natur vor der Haustür haben und nicht weite Strecken dafür fahren müssen, um Natur zu erleben.«

Otteraspekte

»Warum wurde Hankensbüttel 1988 in der östlichen Heide als Standort für das Otterzentrum gewählt?«, frage ich. »Da sind einige Zufälle zusammengekommen«, antwortet Karsten Borggräfe. »Claus Reuther, der Initiator und Gründer der AKTION FISCHOTTERSCHUTZ, leitete zunächst als Forstbeamter das Fischotter-Forschungsgehege im Harz. Als das Forschungsgehege geschlossen werden sollte, hat Claus Reuther mit einigen Mitstreitern über Alternativen nachgedacht. Reuther wollte als engagierter Naturschützer an dieser wichtigen Aufgabe weiterarbeiten. Für die Fortsetzung der Sache hat er sich zunächst beurlauben lassen und hat dann nach Standorten für ein neues Forschungsgehege gesucht. Verbunden sein sollte damit die Möglichkeit für Men-

schen, die Tiere auch zu beobachten. Neben Hankensbüttel wurden auch andere Orte in Erwägung gezogen, hier in Hankensbüttel aber wurde am schnellsten der Zuschlag gegeben.

Die Nähe zu einem zweiten Forschungsprojekt, nämlich der ›Ise‹-Renaturierung, passte außerdem. Die Ise verlief westlich der letzten Ottervorkommen und war seit ihrer Begradigung otterfrei. Es sollte erstmalig geprüft werden, ob über ein Forschungs- und Umsetzungsvorhaben eine Lebensraumentwicklung möglich wäre.

Anfänglich wurde mit etwa 30.000 Besuchern pro Jahr kalkuliert. Inzwischen sind 70.000 bis 100.000 daraus geworden. Mehr dürfen es gern noch werden. Getreu der Maxime von Claus Reuther wird aber kein spezielles Naturschutz-Publikum gesucht. Vielmehr wird das Zentrum als normale Freizeit- und nicht als Naturschutzeinrichtung vermarktet. Man möchte zunächst einmal das ›normale‹ Publikum gewinnen, dann aber dieses für Naturschutz interessieren. Claus Reuther war sicher das ›Aushängeschild‹ der Otterschutzbewegung. Er galt als charismatische Persönlichkeit, die es verstand, Menschen von ihrer Sache zu überzeugen.« Claus Reuther starb viel zu früh 2004.

»AKTION FISCHOTTERSCHUTZ verfolgt heute drei Arbeitsschwerpunkte: zum Ersten die Umweltbildung. Dazu gehört das Otterzentrum. Zur Zeit arbeiten wir auch an einer Ausschreibung eines Wettbewerbes für Schulklassen, in dem es darum geht, die Umwelt vor der eigenen Tür neu und intensiv zu entdecken. Dazu geben wir zum Beispiel Anleitungsmaterial für die Lehrer aus – ›Lehrerhandreichung‹ genannt. Wie man im Einzelnen daran teilnehmen kann, ist unserer Homepage zu entnehmen. Zum Zweiten die Forschung. Es existiert ein von der Öffentlichkeit abgeschottetes Forschungsgehege. Dazu laufen Arbeiten an mit Sendern ausgestatteten Tieren über Raumnutzungsverhalten im Freiland. Und der dritte Schwerpunkt neben der Tierforschung ist die Biotop- und Regionalentwicklung, in der wir versuchen, die gewonnenen Erkenntnisse in die Praxis umzusetzen.«

»Gibt oder gab es Auswilderungsaktionen von Fischottern?«, interessiere ich mich. Karsten Borggräfe antwortet: »Wir als Verein sind absolut gegen eine Auswilderung des Fischotters. Das Problem beim Fischotter ist der Verlust seines Lebensraumes. Sollten wir es schaffen, über die Veränderung der Rahmenbedingungen eine Verbesserung der Lebensraumqualität zu erreichen, dann schaffen die Otter es locker, diese Lebensräume selbstständig zurückzuerobern. Wir erleben es gerade, dass sich die Bestände relativ stark von Osten nach Westen ausbreiten. Das liegt daran, dass die Wasserqualität viel besser geworden ist gegenüber den vorigen Jahrzehnten. Bei den erforderlichen Gewässerstrukturen hapert es sicherlich. In dieser Hinsicht fehlt noch eine ganze Menge. Aber auch hier ist eine Entwicklung abzusehen, die dem Fischotter eine Rückkehr in viele Gewässer erlauben wird. Dafür ist das Nahrungsspektrum in Form der Fische bereits besser geworden, was sicherlich auch mit der Wasserqualität zu tun hat. Da der Fischotter in der Nacht 20 und mehr Kilometer wandern kann, ist er in der Lage, sich relativ schnell große Räume zu erschließen.

In den Niederlanden konnte man die freiwillige Rückkehr offensichtlich nicht abwarten und hat knapp 30 Otter ausgewildert. Das war aus unserer Sicht etwas voreilig, denn anhand der Populationsentwicklung in Niedersachsen ist, auch wenn diese etwas Zeit benötigt, ohnehin eine natürliche Wiederbesiedlung der Niederlande zu erwarten, wenn denn der Lebensraum vorhanden ist.«

»Besteht ein Wildtiermanagement hinsichtlich des Fischotters?«, frage ich. »Ich glaube, wir bräuchten kein Management speziell auf den Otter ausgerichtet, wie es beispielsweise für den Wolf gefordert wird. Bei einer Art wie dem Wolf spielen andere Aspekte mit, wie die Angst vorm Wolf in der Bevölkerung. Beim Otter jedoch sieht die Sache anders aus. Das einzige Konfliktpotenzial bei ihm mag in Bezug zur Teichwirtschaft bestehen. An der frühzeitigen Entschärfung dieses Konfliktes wird hier im Haus gearbeitet. Konflikte an Fließgewässern sind dagegen überhaupt nicht vorhanden. Der Otter ist territorial veranlagt und bewohnt als Einzelgänger große Räume. Das heißt, es werden nie zuviel seiner Art da sein, um ihren Lebensraum zu übernutzen.

Die Kooperation mit den Anglern läuft außerdem sehr gut. Angler können sich am Vorhandensein des Otters erfreuen, denn es ist ein sicheres Zeichen dafür, dass der Fischbestand in Ordnung ist. Wenn der Otter ein Kilo Nahrung pro Tag – Fische, Amphibien, Kleinsäuger etc. – auf einer Strecke von zehn Kilometern Flussstrecke entnimmt, spielt er als Konkurrent des Anglers keine Rolle. Was wir stattdessen beim Fischotter bräuchten, ist ein Korridor-Management oder ein Gewässerentwicklungs-Management, ein Lebensraum-Management im weiteren Sinne, von dem er in hohem Maße profitieren würde.«

Begriff: Das Blaue Metropolnetz

Das Blaue Metropolnetz, von der AKTION FISCHOTTERSCHUTZ e. V. initiiert, bezeichnet das Gewässernetz, welches sich, beginnend im Umfeld Hamburgs, durch die Stadt zieht. Dieses Netzwerk kann als ökologisches, ökonomisches und soziales Bindeglied einer Region fungieren und Lebensadern für Mensch und Natur darstellen. Ziel des Projektes ist die Herleitung und Ausweisung von Gewässerkorridoren zwischen Niedersachsen, Hamburg und Schleswig-Holstein für die Leit-Tierart Fischotter und die Leit-Nutzung Erholung und Tourismus.

Karsten und die Otter

»Was bedeutet der Fischotter für dich persönlich, und wie ist dein täglicher Umgang mit ihm?«, frage ich Karsten neugierig. Voller Begeisterung erzählt er: »Beim Otter handelt es sich um eine attraktive Art. Und ich empfinde es als eine sehr spannende Aufgabe, sich für den Erhalt des Otterlebensraumes einzusetzen. Der Otter nutzt sehr unterschiedliche Teillebensräume. Er geht ins Wasser, geht an Land, geht auch weit weg vom Gewässer. Er ist eine sehr intelligente und verspielte Tierart und spricht einen daher auch emotional sehr stark an. Da der Job sehr vielfältig ist, den ich hier machen kann, ist es für mich ein Traumberuf. Ich arbeite seit 1991 hier im Haus. Ich pendle zwischen Draußen und Drinnen, zwischen Büro und Natur hin und her, habe mit der Tierforschung und mit Menschen zu tun, ich halte Vorträge, und es wird nie langweilig. Besonders spannend wird es, wenn es gerade an eine Konzeptumsetzung geht – so dass ich mir ein breiteres Arbeitsspektrum fast nicht vorstellen könnte.«

»Großstadtrevier«

Einige Tage später treffe ich mich abermals mit Karsten Borggräfe – dieses Mal in Hamburg am Rande der nördlichen Naturschutzgebiete. Wir radeln gemeinsam Alster und Ammersbek entlang und schauen unter jeder Brücke, an jedem Wehr und Straßenübergang nach Otterspuren. Ich möchte noch etwas speziell zur Situation der Otter in Hamburg wissen: »Im Zuge dieser Untersuchungen habt ihr in den vergangenen Jahren den Fischotter in Hamburg nachweisen können – wie überraschend ist das für euch gewesen?«

Fischotterwelpe, wenige Tage alt, mit geschlossenen Augen

Karsten berichtet: »Wenn man als Tourist nach Hamburg hinein fährt und den innerstädtischen Raum kennenlernt, beispielsweise die Bahn bis zum Hauptbahnhof benutzt und auf der Strecke aus dem Fenster schaut, dann kann man kaum vermuten, dass dort wilde, gerade etwas scheuere Tiere wie der Fischotter vorkommen. Doch wer umgekehrt die Alster entlang nordwärts radelt in Richtung der ›Walddörfer‹ (wie die Gruppierung der nördlichen Stadtteile genannt wird) oder mit dem Boot den Fluss selber erkundet, wird schnell eines Besseren belehrt und feststellen, wie viel Natur in diesem schmalen Band vorhanden ist. Ich war selber sehr überrascht und kannte vorher die Region nicht so gut. Ich habe Fotos der Flusstäler Alster und Ammersbek gemacht. Und wenn man diese zu Hause aneinandergereiht vor sich liegen sieht, kann man kaum glauben, mitten in einer Stadt zu sein. Man kann natürlich die Perspektive für den Fotoapparat wählen, aber auch unabhängig vom Blick durch die Linse kam ich mir manchmal vor wie im Urwald. Obwohl Fluss und begleitendes Grün an manchen Stellen extrem schmal gehalten sind und es an wenigen Stellen zu extremen Störungen beispielsweise durch Querungen kommt, haben wir es mit einem wunderschönen blau-grünen Korridor zu tun, der sich auch weit in den städtischen Bereich hineinzieht.«

Hamburger Stadtbild

»Müssen naturnahes Flussbild und menschlich verträgliche Nutzung im Widerspruch zueinander stehen?« »Keineswegs«, meint Karsten Borggräfe. »Ich schätze gerade den

Die Ammersbek in Hamburg

Erlebnischarakter solcher naturnahen Flusslandschaften für Menschen als sehr hoch ein. Man sieht zum Teil Bäume quer liegen. Sie werden liegen gelassen. Sie können nicht nur Wildtieren als Deckung dienen, sondern auch als wunderbarer Spielplatz für Kinder. Im Nachhinein bin ich also gar nicht so überrascht, dass wir auch Spuren vom Fischotter gefunden haben. Obwohl wir mit Blick auf die Karte von oben Otternachweise erst einmal als eher unwahrscheinlich angenommen hatten, so haben uns detaillierte Untersuchungen des Gebietes allmählich zu einer gegenteiligen Einschätzung gebracht. Die Frage bleibt einzig nach seiner Konstanz. Vermutlich ist er auch in den vergangenen Jahren immer mal wieder in Hamburg unterwegs gewesen und wurde übersehen. Wir haben ihn letztes Jahr (2007) über Kot und Spuren nachgewiesen und erst dieses Jahr (2008) wieder zwei Nachweise erbringen können. Er wandert vermutlich von außerhalb hinein und findet aber auch noch Lebensraum in Hamburg.

Er ist also da und findet auch genügend Rückzugsmöglichkeiten. Man muss natürlich aufpassen, dass die Störungen nicht überhandnehmen. Die Naherholung wird immer Bestandteil dieser Landschaften sein. Letztlich hilft sie aber auch dem Otter dadurch, dass der Mensch ein ganz eigenes Interesse pflegt am Erhalt solcher Regionen. Aber es muss nicht jeder Weg überall parallel zum Gewässer laufen. Und je weiter man in die Stadt reinkommt, desto höher wird der Druck. Es wäre manchmal ganz gescheit, Natur mehr Raum zu geben, was uns nachher auch einen Erlebnisraum gibt. Diese Gratwanderung hinzubekommen ist nicht immer einfach«, gibt Karsten zu. »Im Bereich der Außenalster (den seit Jahrhunderten aufgestauten Becken vor der Mündung in die Elbe) ist der Druck auf den Otter durch die fast Rundum-Präsenz des Menschen besonders hoch. Doch selbst da existieren Winkel, in denen der Otter nachts lang schwimmen und Deckung finden kann.«

Die »politische« Art

Wir aber befinden uns im hohen Norden der Stadt. Karsten krabbelt und kriecht zwischen den Brückenpfeilern umher. Von einem Stein des Uferstreifens, der unter dem Brückenbauwerk entlang des Gewässers mit hindurchgeführt wird, gewinnt er schließlich eine Kotprobe. Sie wandert ins Reagenzglas und wird verschlossen, nachdem ich den Geruch prüfen durfte. Ihr haftet der typische mufflige Mardergeruch an. Die genaue Herkunft wird dann die Laboruntersuchung in Hankensbüttel ergeben.

Der Fischotter ist eine wandernde Tierart, die sich nicht unbedingt an die Wegeführung des Menschen hält. Wichtig für ihn sind möglichst unverbaute Wasserwege. Wenn er also an den Flüssen Hamburgs vorkommt, sind nicht nur die wenigen schmalen Grünstreifen, die durch die Stadt führen, wichtig, sondern auch die, die aus der Stadt hinausführen und Verbindungen in andere Regionen herstellen.

Gerade, wenn es um den besonderen Schutz einer Region geht, kann auch ihr Naherholungswert angeführt werden. Letztendlich zählt der Otter als Träger, als Indikator und als Flaggschiff, wenn es gilt, Argumente für die Gewässerentwicklung zu sammeln. Tiere mit Pelzen erzielen auch in der breiten Bevölkerung gute Wirkungen im Interesse einer ganzen Landschaft. Wo Otter vorkommen, ist Abwechslung. Abwechslung ist das, was Menschenkindern zur gesunden Entwicklung verhilft. Mit Natur um sich herum ist der Mensch sehr viel ausgeglichener als ohne diese Form der »Seelenhygiene«, wie Karsten das nennt.

Und dann sagt er noch, wie wichtig es ist, Natur auch erleben zu können: »Keine Amphibienart ist dadurch in Bedrängnis geraten, weil Kinder sie früher in Terrarien gesteckt haben. So etwas geht nur über Lebensraumverlust. Am Alsterlauf sieht man viele Schulen und Kindergärten direkt bis ans Ufer gehend. Hier können Kinder auf umgestürzte Bäumen klettern oder am Hang hinunterrutschen. Wenn ich ein solches Flusstal erhalte, so stelle ich sicher, dass viele Menschen Natur umsonst erleben können. Ein Zoobesuch kommt einer modernen Kleinfamilie beispielsweise sehr teuer. Volkswirtschaftlich gerechnet entsteht dabei ein hoher Wert, wenn man dazu die geringen Naturschutzkosten einmal in den Vergleich setzt. Mit der Schaffung und dem Erhalt von Freiräumen Geld zu verdienen mag selbst der Politik ein gutes Argument liefern. So kommt der Lebensraumschutz eben nicht nur dem Fischotter zugute.«

Merkmal-Katalog Fischotter (*Lutra lutra* Linné, 1758)

Synonyme: Otter, Wassermarder
Assoziation: Besonders dichter Pelz; Welpen müssen zu ihrem Glück vom Schwimmen gezwungen werden.
Systematik: Klasse: Säugetiere (*Mammalia*) – Ordnung: Beutegreifer (*Carnivora*) – Familie: Marder (*Mustelidae*)
Verbreitung: Früher über weite Teile Eurasiens
Lebensraumtypen: Schwerpunktmäßig entlang aller Wasserwege vorkommend, ist der Fischotter eigentlich anspruchslos und legt nur Wert auf Deckung und Nahrungsangebot.
Körper: Augen, Ohren und Nasenlöcher liegen wie bei vielen anderen »ufergebundenen Säugetieren« etwa auf einer Linie, so dass auch der Otter fähig ist, tief eingetaucht seine Umgebung mit vielen Sinnen gleichzeitig wahrzunehmen. Das besonders dichte Haarkleid weist bis zu 50.000 Einzelhaare pro Quadratzentimeter auf. Die Kopf-Rumpf-Länge liegt zwischen 55 und 95 Zentimetern, die Schwanzlänge bei 30 bis 55 Zentimetern. Die Oberseite ist dunkel- bis mittelbraun gefärbt, die Unterseite fällt dagegen etwas heller aus. Die Ohrmuscheln sind klein. Zwischen Fingern und Zehen befinden sich Schwimmhäute. Der Schwanz ist lang und muskulös.

Gewicht: Fünf bis zwölf Kilogramm

Biologie: Fischotter leben einzelgängerisch, auch wenn die verschiedenen Reviertiere sich untereinander gut kennen. Nur Mütter und Welpen leben eine Zeit lang im engen Mutter-Kind-Verband. Ranzzeit ganzjährig. Zwei bis vier, selten fünf noch blinde Welpen werden nach einer 61- bis 63-tägigen Tragzeit bei einem Geburtsgewicht von etwa 100 Gramm in einer Höhle geboren. Die Welpen sind Nesthocker und lange Zeit von der Mutter abhängig. Fischotter sind bewegungs- und spielfreudig. Reviere werden über Kot markiert.

Ernährung: Hauptsächlich Wassertiere wie Fische, Krebse und Muscheln, aber auch Kleinsäuger und Vögel werden erbeutet. Die Stillzeit beträgt drei bis vier Monate, obgleich Jungtiere schon Wochen vor dem Abstillen mit fester Nahrung konfrontiert werden.

Bestand: Der aktuelle Bestand lässt sich aufgrund seiner versteckten Lebensweise und der heute überwiegenden Nacht- und Dämmerungsaktivität nicht schätzen. Die meisten Tiere kommen in Mecklenburg-Vorpommern, Brandenburg, Sachsen und Sachsen-Anhalt vor. Seit Anfang der 1990er-Jahre und der »Renovierung« zahlreicher deutscher Gewässer nimmt ihre Zahl wieder zu. Am deutlichsten ist dieser Trend in Niedersachsen zu spüren, aber auch in einigen anderen Bundesländern kommt es zur allmählichen Erholung der Bestände.

Schutzstatus: Nach dem Bundesnaturschutzgesetz (BNatSchG) zu den »besonders geschützten« und »streng zu schützenden« Tierarten zählend. In Deutschland wurde erst 1968 eine ganzjährige Schonzeit durch das Bundesjagdgesetz eingeräumt. In »Rote Liste Deutschland« als »vom Aussterben bedroht« geführt; nach »Berner Konvention« in Anhang II geführt (»streng geschützte Tierart«, deren Fangen, Halten und Töten zu verbieten ist); im Washingtoner Artenschutzabkommen (CITES) in Anhang I gelistet (Handel mit dieser Art und ihren Produkten international verboten); in europäischer Artenschutzverordnung (EG-Verordnung 338/97) in Anhang A aufgeführt (Arten genießen den höchsten Schutzstatus und dürfen ohne Genehmigung weder gehandelt noch gehalten werden); streng geschützte Art von gemeinschaftlichem Interesse nach FFH-Richtlinie (92/43/EWG), Anhang II (Gebietsschutz ihrer Lebensräume) und IV; nach der IUCN seit 2004 von »gefährdet« in die Kategorie »Gefährdung anzunehmen« heruntergestuft.

Fischotter in seinem Element

Elch – Im Test

Im Sommer zur Ferienzeit gibt es in Deutschland mittlerweile wohl mehr Elche als in Schweden – als Aufkleber auf Pkw und Wohnmobil. Auf dem Autolack kam es bereits zu Familiengründungen. Da die Hersteller des selbsthaftenden Schalenwildes es bisher versäumten, weibliche oder kindliche Elche herzustellen, kam »König Kunde« auf die glorreiche Idee, zwei von drei zusammengestellten Elchen unterschiedlicher Größe das Schaufelgeweih abzuknipsen. Im Winter zu den Festtagszeiten beginnt dann die unersättliche Schnäppchenjagd auf die Weihnachts-Elch-Souvenirs – mal als Spieluhr mit »O du fröhliche ...« im Laufwerk, mal als kunstvolles Holzschnitzwerk, nostalgisch wertvoll mit Wollmütze, Schal und »Handschuhen« verziert, und mal als simpler Lebkuchen, mit Orangeade gefüllt und Korinthenaugen besteckt. Dem Kitsch sind hierbei keine Grenzen gesetzt. Aus dem Schatten von Weihnachtsmann, Engel und Rentier heraus sind in den vergangenen Jahren die Elche ins Kettenlicht des deutschen Weihnachtsmarktes geraten.

Elch im Autobahndreieck

Gleich Paul Eippers (1891–1964) geisterhaftem »Schatten-Elch« bewegt sich da im dichten Unterholz am Rand der Elbe eine riesenhafte Gestalt im fahlen Morgenlicht. »Immer größer, immer beispielloser wird für mich die Erscheinung: ein Gespenst ... ein Walddämon mit vorgestrecktem, langem Schädel!«, schreibt Eipper. Der vermeintlich nordische Vertreter aus der Hirschfamilie prüft die kalte Luft mit seinen Nüstern, seinen Ohren – dann wagt er den Einstieg, ist bald nur noch halb und durchquert den Strom in gewissenhaften Zügen. Am diesseitigen Ufer entscheidet er, aus Polen gekommen, seinen Weg in Richtung Süden fortzusetzen. Eipper: »Vielleicht sehe ich noch den Umriss einer hängenden Oberlippe, die Zackung zweier großer Ohren, das Geweih, ehe die Vision sich auflöst und schon wieder verschwunden ist in Busch und Baum ...« Der Elch zögert und erreicht verseuchtes Gelände. Sterbenskrank wird er unerkannt mit sterbendem Weidevieh verladen und nach Frankfurt transportiert. In Frankfurt angekommen, schöpft er letzte Kraft, und ihm gelingt die Flucht. Skurrile Bilder entstehen zwischen dem Tier der Eiszeit und der Metropole ohne Luft zum Atmen. Benommen bleibt er endlich stehen auf einer Autobahninsel, um die herum der Verkehr anschwillt.

Real wirkend? Doch ist alles nur ein Film. In wirklichkeitsnahen Bildern lässt der Kult-Regisseur Hark Bohm in seinem Filmepos vom Erwachsenwerden zwei Jungen einem Elch folgen auf seiner »Tortour« quer durch Deutschland. Beide Jungen verfolgen ihn dabei aus vollkommen unterschiedlichen Motiven heraus: Der eine ist nur mit einer Kamera bewaffnet und will den Elch schützen, der andere besitzt ein Gewehr, um den Elch zu töten. Am Ende sind es beide, die gemeinsam den Elch von seinen Qualen erlösen.

Elchbulle »Toke«

Ein Filmstreifen von 1979 nur und dennoch vor dem realen Hintergrund aufkommender Elcheinwanderungen entstanden. Bohm, der bereits mit dem schwedischen Wolfsforscher Erik Zimen eine Wolfsdokumentation drehte, macht hier so ganz nebenbei in ästhetisch-dramatischen Bildern darauf aufmerksam, dass Elche zwar in diese deutsche Landschaft gehören, aber irgendwie nicht mehr zeitgemäß sind. Und dass sie trotz ihrer beachtlichen Beinlänge nicht Schritt halten können mit der rastlosen Zivilisation.

»Das war der Elch, mein erster, geisterhafter Schatten-Elch!«, so schreibt Paul Eipper über sein erstes Elcherlebnis irgendwo im fernen Ostpreußen. Doch scheint es gut zu passen ins Deutschland der 1970er-Jahre, als Elche begannen wieder in Deutschland aufzutauchen.

Der Elch als Nachbar und Ehebrecher wider Willen

Das natürliche Verbreitungsgebiet des Elches würde sich von den Britischen Inseln über ganz Mittel- und Nordeuropa bis weit nach Sibirien hinein erstrecken. Doch wurde er in vielen Ländern durch die Jagd ausgerottet. Dass nicht alle Elche gebürtige Schweden sind, zeigt ihr Vorkommen in unmittelbarer Nachbarschaft zu Deutschland, nämlich Polen, Tschechien und Österreich. Elche sind also genauso deutsch, wie sie schwedisch sind. Die große Zeit der Elche in Deutschland liegt aber einige Jahrhunderte zurück. Ein erster Elch ist 1958 im Spreewald wieder aufgetaucht. Seitdem kam es immer wieder zu Elcheinwanderungen nach Deutschland, in den letzten Jahren in verstärktem Maße. Vermutlich verging aber auch schon zuvor kein Jahrzehnt ohne Elcheinwanderung, doch fehlen darüber Aufzeichnungen.

Die Elchjagd wird in Schweden bis heute als gesellschaftliches Ereignis betrieben. 300.000 Jäger begeben sich hier alljährlich im Herbst auf Elchjagd. Sogar spezielle Hunderassen wurden extra für die Elchjagd gezüchtet. Jedes Jahr kommen so etwa 100.000 Elche nur durch die Jagd zu Tode. Der Straßenverkehr fordert besonders im Winter zusätzliche Opfer auf beiden Seiten – bei Elch und Mensch. Als Höhepunkt erreichen die Elche einen Bestand von ebenfalls 300.000 – bis zur nächsten Jagdsaison.

Jagen und Angeln machen einen wesentlichen Teil der Freizeitbeschäftigung in der männlichen Bevölkerung Schwedens aus. Gerüchte besagen, dass durch diese Aktivitäten viele Schweden dabei zu viele Wochenenden hintereinander nicht bei ihren Frauen und Familien verbringen, wodurch es in vielen Ehen kriseln soll. Im Fazit lässt sich diese Aussage nur schwerlich überprüfen. Als sicher ist dagegen anzunehmen, dass die Wiederbesiedlung Mitteleuropas durch Elche ohne den Jagdeifer der schwedischen Männer rascher verlaufen würde.

Elche statt Panzer?

»Das Verhältnis zwischen Elch und Mensch ist vielfältig und nicht immer ganz unproblematisch«, weiß Diplom-Biologe Michael Striese von »lutra – Gesellschaft für Naturschutz und landschaftsökologische Forschung, Tauer« zu berichten: »Auf den Menschen bezogen ist der Elch eigentlich viel konfliktträchtiger als der Wolf, was zum einen damit zusammenhängt, dass es mehr Elche als Wölfe gibt. Über einen langen Zeitraum und weltweit miteinander verglichen, sind wesentlich mehr Menschen durch Elche ums Leben gekommen als beispielsweise durch Wölfe. Dabei sind die zahlreichen Verkehrsunfälle mit tödlichem Ausgang, die zwischen Mensch und Elch in Schweden – und nicht nur dort – alljährlich passieren, noch gar nicht berücksichtigt. Das scheint für viele Menschen erst einmal überraschend, da Elche niedlich aussehen und auch keine Schafe und Hirsche fressen wie der Wolf. Zum anderen wurden Elche als Zug- und Reittiere genutzt und sogar der Versuch unternommen, sie als regelmäßige Fleisch- und Milchlieferanten zu halten. Doch meist scheiterten diese Versuche durch die anspruchsvolle Ernährung der Elche.«

In der Lausitz wird zurzeit der Frage nachgegangen, was nun genau Elche übers Jahr zu sich nehmen, welchen Einfluss sie dabei möglicherweise auf die Vegetation ausüben und – sollte dieser groß genug sein –, ob sie dann als Landschaftspfleger einzusetzen wären. Dieses Elchprojekt wurde 1999 durch eine Ausschreibung des Bundesministeriums für Bildung und Forschung ins Leben gerufen. Anfänglich ging es nur darum, Vorschläge einzureichen, die sich mit speziellen Maßnahmen zur Offenhaltung von Truppenübungsplätzen auseinandersetzen, die im Besonderen dem Naturschutz gerecht werden würden. Aus den anfänglich 80 Bewerbungen wurden fünf ausgewählt, die sich dann zu einem Offenlandverbundprojekt zusammenschlossen. Dazu gehörte die Idee, eine Beweidung mit Hilfe von Elchen durchzuführen.

»Auf der Fläche des ehemaligen Panzerschießplatzes des TÜP ›Dauban‹ im ostsächsischen ›Biosphärenreservat Oberlausitzer Heide- und Teichlandschaft‹«, erzählt Michael Striese, »wurde zunächst ein kleines Eingewöhnungsgehege von 19 Hektar Größe geschaffen und im November 2001 mit zwei Elchen besetzt. Ab Mai 2003 wurde eine zusätzliche Gehegefläche von 140 Hektar für weitere Elche freigegeben. 2003 kam es auch zur Geburt des ersten Elchkalbs innerhalb der neuen Umzäunung. Heute leben insgesamt zehn Elche auf gut 160 Hektar Fläche, in zwei Gehege unterteilt.«

Michael Striese ist begeisterter »Elchkontrolleur« vor Ort. Er sagt: »Elche haben Aufmerksamkeit verdient. Sie sind groß und verfügen über ein sehr interessantes und vielfältiges Verhaltensrepertoire. Es handelt sich bei ihnen außerdem um echte heimische Wildtiere, die immer

**Michael Striese,
telemetrierend**

hier schon gelebt haben, lange bevor es den Menschen in Mitteleuropa gab. Für die Gehege-
genehmigung, die wir beantragt haben, mussten wir entsprechende Sachkunde nachweisen,
also, dass man auch fähig ist, mit diesen speziellen Tieren umzugehen. Weil es sich bei Elchen
um eine wirklich ungewöhnliche und anspruchsvolle Art handelt, haben wir uns den ›Na-
turschutz-Tierpark Görlitz‹ als Projektpartner an die Seite geholt. Dem Tierpark gehören die
Tiere – rechtlich betrachtet. Das Tiermanagement wird vonseiten des Parks geleistet. Dieses
Tätigkeitsfeld beinhaltet die Anschaffung der Elche genauso wie ihre nötigenfalls veterinärme-
dizinische Versorgung. Dazu gehört auch die Narkotisierung, wenn einem Tier ein Sendehalsband angelegt werden soll.

Ein zweites Arbeitsfeld wird vom ›Förderverein für die Natur der Oberlausitzer Heide- und
Teichlandschaft e.V.‹ geleistet. Darin wird für die Instandhaltung des Zaunes gesorgt; die Zaun-
kontrolle muss laut Standardgehegegenehmigung täglich erfolgen. Der Förderverein trägt auch
für das zusätzliche Beweidungsmanagement durch Moorschnucken – eine Schafrasse – Sorge,
das beinhaltet, dass innerhalb des Gatters vor allem die Heideflächen kurz gehalten werden.
Mittlerweile kommt es auch auf einigen Teilflächen zu Entbaumungsmaßnahmen, die ebenfalls über den Förderverein gemanagt werden. Diese Flächen weisen inzwischen einen zu hohen
Baumbewuchs auf, mit dem die Elche nichts mehr anfangen können. An anderer Stelle kann
man deutlich erkennen, dass Elche bevorzugt einzeln stehende Bäume abäsen, bei denen sie von
allen Seiten an die Zweige und Blätter gelangen. Kleine Baumgruppen, in denen die Stämme
dicht beieinander stehen, werden dagegen nur vom Rand her zur Nahrungsaufnahme genutzt.

Mit den Elchen war in den Jahren 2000 bis 2003 ein Forschungsprojekt verbunden, das gemeinsam vom ›Institut für Landespflege der Albert-Ludwigs-Universität Freiburg‹ und der Ver-
waltung des ›Biosphärenreservates Oberlausitzer Heide- und Teichlandschaft‹ getragen wurde.
Nachdem der Vertrag 2003 ausgelaufen war, übernahm der Förderverein die Betreuung.«

Michael Striese kommt im Auftrag des Fördervereins dabei die Aufgabe zu, regelmäßig nach
den Elchen zu schauen. Er kontrolliert, ob noch alle vollzählig im Gehege sind, wie es ihnen

Besenderter Elch

geht, ob bei einem von ihnen eine eventuelle Nachkontrolle und ein damit verbundener Tierarztbesuch nötig ist. Er berichtet: »Um die Aktivitäten der Tiere in einem so großen Gebiet überhaupt überwachen zu können, wurden alle mit einem Halsbandsender ausgestattet. Die meisten Elche bekomme ich über Tage nicht zu Gesicht, mit Hilfe des Senders allerdings kann ich jeden einzelnen von ihnen anpeilen, egal wo er sich im Gehege aufhält. Aus dem übermittelten Bewegungsmuster kann geschlossen werden, was das Tier tut. Wenn das Signal über einen längeren Zeitraum vom selben Ort kommt, muss es nicht zwangsläufig heißen, dass etwas mit dem Elch nicht stimmt. Die Tiere halten sich durchaus über zwei bis drei Wochen an einer Stelle im Gelände auf, bevor sie dann wieder über eine größere Strecke wechseln.

»Es existieren nicht viele Erfahrungen mit der Haltung von Elchen in großen Landschaftsgehegen«, sagt Michael Striese. »Die Ernährung in der Gefangenschaft ist ein Problem, weil Elche sich über den Tag zusammensuchen, was sie brauchen. Sie ernähren sich überwiegend von Knospen und Laub der Espen und Weiden, aber auch von Heidekraut und Blaubeersträuchern, von Gräsern und verschiedenen Staudenarten. Auf Abwechslung scheinen sie Wert zu legen. Je nach Individuum und Jahreszeit wechseln Elche oft die Nahrungsvorlieben. In der Phase der Geweihausbildung spielt der Kalziumgehalt in den Pflanzen eine Rolle für die Elchbullen. In dieser Zeit lohnt es sich für das männliche Geschlecht, sich den Bauch nass zu machen, denn Wasserpflanzen besitzen in der Regel einen höheren Kalziumgehalt. Diesen speziellen Ernährungsansprüchen ist in ausreichender Menge unter Gefangenschaftsbedingungen kaum nachzukommen.«

Meine daran anschließende Frage gilt der Einflussnahme der Elche auf die Vegetation: »Ist diese tatsächlich spürbar?«

»Unserer Ansicht nach machte sich der Einfluss der Elche im ersten, auf 19 Hektar beschränkten Gehege schon bemerkbar, und die Nahrungsgrundlage ging allmählich zur Neige bis Frühjahr 2003. Das Besondere an diesem Gebiet ist – im Gegensatz zu den meisten anderen ehemaligen TÜPs –, dass die Flächen sehr stark von Tieflehm- und Lehmstaugleyen – zwei Bodentypen mit einer guten Speicherfähigkeit für Nährstoffe und Wasser – geprägt sind. Nach der Einstellung des Übungsbetriebes 1992 entwickelten sich unterschiedlichste Sukzessionsstadien. Sie begannen das bis dahin militärisch überformte Offenland derartig zu verändern, dass vielen daran angepassten Tier- und Pflanzenarten der Verlust ihres Lebensraumes drohte. Birken und Weiden setzten sich durch – die Leib- und Magenspeise der Elche. Auch Heidekraut entwickelte sich stark, immer wieder unterbrochen von relativ vegetationsarmen Flächen. Sogar einige Gewässer waren auf dem feuchten Untergrund durch Erdbewegungen entstanden, die mit dem Bau von Panzerfahrtrassen und Errichten von Wällen für Zielanlagen anfielen.

Die Birken werden von den Elchen bevorzugt ab Ende August bis Oktober umgebogen und deren grüne Blätter abgezupft. Solange die jungen Birken dabei aber nicht umgebrochen werden, treiben deren Knospen später wieder aus, was natürlich nicht in unserem Interesse sein kann, da unser Ziel die Öffnung der Landschaft ist.

Birken werden leider nicht von den Elchen geschält, was zum Absterben führen könnte. Espen oder Zitterpappeln dagegen werden auch noch im höheren Baumalter geschält. Diese wachsen im Regelfall aber weiter, solange sie nicht zusätzlich durch Sturm oder Wassermangel geschwächt werden.

Begriff: Rote Liste

Der Begriff der **Roten Liste** wurde erstmals 1963 konzipiert. Experten der Weltnaturschutzunion schätzen den Gefährdungsgrad einzelner Tier- und Pflanzenarten ein und ermitteln dabei die sogenannte »Aussterbewahrscheinlichkeit« für einen angenommenen zukünftigen Zeitabschnitt. Seit 1977 gibt es die Rote Liste auch in Deutschland. In der aktuellen Liste werden über 16.000 der rund 48.000 heimischen Tierarten hinsichtlich ihrer Gefährdung bewertet. 520 davon sind dabei als ausgestorben oder verschollen gelistet. Dazu gehören offiziell auch noch die Arten Elch und Wolf.

Im großen Gehege kommen auch Hochstaudenfluren und Wiesen vor. Im zeitigen Frühjahr grünt dort die Bodenvegetation schneller als in der Umgebung und wird von den Elchen wenigstens für zwei Wochen angenommen. Blühende Stauden wie die Dolden des Wiesenkerbels werden im Vorübergehen mitgenommen. Ansonsten bevorzugen Elche Gehölze. Im Winter konzentrieren sich die Elche auf Kieferspitzen und -nadeln, Weidenholz und Birkenzweige.

Letztendlich dürften aber zehn Elche auf den gesamten 160 Hektar kaum ins Gewicht fallen; dafür sind es einfach zu wenig. Davon steht zwei Elchen das 19-Hektar-Gehege zur Verfügung, die restlichen acht verlieren sich auf den übrigen 140 Hektar. Das Projekt läuft zunächst unbefristet. Und wir sind alle sehr gespannt, was die Langzeitstudien ergeben werden.«

Besuche

Beim Zaun, der die Gehegefläche umgibt, handelt es sich um einen handelsüblichen Wildzaun, ein normales Knotengeflecht von zwei Metern Höhe. Dieses wurde in 2,50 Metern Höhe angenagelt, ein halber Meter bleibt daher über dem Boden als freier Durchgang offen – nach allen Seiten. Elchkälber können bis zu einem bestimmten Alter das Gehege unter dem Zaun hindurch verlassen und wieder betreten. Aber auch andere Wildtiere der Umgebung können in das Elchgehege hinein wechseln.

Michael Striese zu dieser kuriosen Situation: »Die Tiere der Umgebung wissen, dass innerhalb des Geheges sämtliche menschliche Jagdaktivität ruht. Man sieht hier regelmäßig Rothirsche und Wildschweine ein- und ausgehen. Besonders die Wildschweindichte ist innerhalb des Geheges bedeutend höher als außerhalb. Den Tieren muss das Gehege wie eine Art Supermarkt vorkommen.«

Elchbulle in seinem Element

Doch der Biologe weiß diesbezüglich noch mehr zu berichten: »Seit dem vergangenen Jahr – 2007 – wechseln auch Wölfe regelmäßig in das Gehege.« Es sei zu einer Neuansiedlung eines Rudels im Bereich Dauban/Halbendorf gekommen, sagt er. »In der Anfangszeit nach Zaunfertigstellung hatten wir wiederholt mit freilaufenden Hunden innerhalb des Geheges zu tun. Wir bemerkten dabei eine Verhaltensänderung der Elche. Bei Anwesenheit der Hunde stellten sich die Elche relativ dicht zusammen. Sobald die Gefahr vorüber war, verteilten sie sich wieder weiträumig über die ganze Fläche. Im vergangenen Winter konnte man allein am Verhalten der Elche, welches aus den Telemetriedaten erkennbar ist, die regelmäßige Wolfsanwesenheit ermessen. Die Elche haben dann über mehrere Tage eng zusammen gestanden.«

Nicht nur hier im Buch kommen die Biber vor den Elchen. Auch in der freien Wildbahn wirken Biber oft vorbereitend für den Elch, der vom Rande her und mittendrin stehend die aufgestauten Gewässer nahrungstechnisch nutzt. In der Planung meinte es daraufhin ein Wildpark besonders gut und setzte Biber und Elche gleich zusammen in ein gemeinsames Landschaftsgehege. Doch bald gab es nur noch Elche darin und keine Biber mehr. Die Elche nutzten einen trockenen Sommer und niedrigen Wasserstand, um die Biber zu töten, indem sie mit ihren scharfen Hufen nach ihnen schlugen. Das Gehege war zu klein, und die Arten konnten einander nicht ausweichen. Die El-che zeigten keine Spur von Dankbarkeit für die unter freien Bedingungen geleistete Vorarbeit der Biber. Fazit: Nicht immer muss unter Gehegebedingungen zusammengeführt werden, was unter freien Verhältnissen scheinbar auch zusammengehört.

Merkmal-Katalog: Elch
(*Alces alces* Linné, 1758)

Synonyme: Sumpfesel
Assoziation: Schaufelgeweih (obwohl nicht alle Elchbullen ein solches ausbilden); Schweden (obwohl Elche zumindest ursprünglich fast über die gesamte Nordhalbkugel verbreitet waren). Sprichworte: »Ich glaub', mich knutscht ein Elch« und »Die schärfsten Kritiker der Elche waren früher selber welche«.
Der »Göttinger Elch« ist ein Literaturpreis.
Systematik: Klasse: Säugetiere (*Mammalia*) – Ordnung: Paarhuftiere (*Artiodactyla*) – Familie: Hirsche (*Cervidae*)
Verbreitung: Über weite Teile Eurasiens und Nordamerikas verbreitet
Lebensraumtypen: Elche zeigen sich in der Wahl ihres Lebensraumes als relativ flexibel, bevorzugen aber deutlich Landstriche mit hohem Wasseranteil sowie Auen-, Sumpf- und Moorland. Entsprechend ihrer Ernährung sollte der Lebensraum einen hohen Anteil an Weichhölzern aufweisen.
Körper: Großer Geschlechtsdimorphismus. Elchbullen können eine Schulterhöhe von bis zu 210 Zentimetern erreichen bei einer Kopf-Rumpf-Länge von über drei Metern. Der Schwanz misst dagegen nur etwa fünf Zentimeter Länge. Elche können sehr schnell mit ihren langen Beinen laufen, ihre Schrittfolgen sind weit ausladend; dabei können sie Geschwindigkeiten von bis zu 60 km/h erreichen. Sie sind auch ausgezeichnete, ausdauernde Schwimmer. Die weite Spreizbarkeit ihrer Hufschalen ist eine Anpassung an sumpfige, weiche Böden. Körpergröße, Gewicht und Schaufelausbildung sind letztendlich abhängig von der Nährstoff- und Mineralversorgung am Standort.
Gewicht: 270 bis 900 Kilogramm
Biologie: Nach einer Tragzeit von etwa acht Monaten werden im Mai/Juni ein bis drei Kälber geboren, wobei Zwillingsgeburten sehr häufig vorkommen. Die Brunft liegt in den Monaten August bis Oktober. Das Neugeborene wiegt zwischen 13 und 16 Kilogramm. Ab dem fünften Lebenstag kann es der Mutter bereits durchs Gelände folgen. Die Stillzeit beträgt etwa drei bis vier Monate. Mit etwa einem Jahr werden Elchkälber selbstständig.

Besucherführung mit
Michael Striese

Ernährung: Elche ernähren sich rein vegetarisch von einer Vielzahl unterschiedlicher Pflanzenarten wie Weiden, Pappeln, Birken, Gräser, Kräuter und Stauden und deren Bestandteile (Knospen, Laub, Zweige, Rinde, Holz). Wenn im Angebot, werden gern auch Wasserpflanzen sowie Pilze aufgenommen. Elche sind wie Rinder Wiederkäuer und verfügen über Pansenmikroben, die ihnen das Futter gründlich aufschließen.

Bestand: Der Bestand in Deutschland wird auf 25 bis 50 geschätzt. Er ist durch ständiges Zu- und Abwandern geprägt.

Schutzstatus: Der Elch wird unter dem Bundesjagdgesetz als jagdbares Tier mit ganzjähriger Schonzeit, in der »Roten Liste Deutschland« als »ausgestorben« und in der Berner Konvention als geschützte Tierart des Anhangs III geführt.

Wiedehopf – Im Land der Wölfe

Eine auffällige Persönlichkeit zu haben ist keine Überlebensgarantie. Besonders nicht, wenn die Ansprüche einer früher häufigen, heute bedrohten Art wie dem Wiedehopf immer stärker abweichen von den Ansprüchen des Menschen. Selbst sein gutes Aussehen kann nicht wettmachen, dass der Vogel sonst in Mist stochert. Und Misthaufen, Unrat, Ödland kann und will der Mensch nicht länger dulden auf seinem Weg in die Moderne. So nimmt er billigend in Kauf, dass einige Arten wegsaniert auf der Strecke bleiben.

400 Kilometer für einen Wiedehopf

Unser Vorhaben ist außergewöhnlich. Insofern ist die Fahrt für mich und meinen Freund Guido, der mich gelegentlich in Sachen Naturfotografie unterstützt, aufregend und neu. Wir haben beide zwar schon oft Wiedehopfe beobachtet, aber nur in Spanien, Frankreich und Ungarn. Dort gibt es sie noch wie Sand am Meer. Nicht so in Deutschland.

Man könnte leicht auf die Idee kommen, der farbenfrohe Hopf des Weidelandes käme allein schon wegen seines Aussehens von Natur aus in eher wärmeren Gefilden vor. Aber dem ist nicht so. Riskiert man einen Blick in etwas ältere naturkundliche Literatur, so entdeckt man ihn darin nicht selten als »Nullachtfünfzehn-Art« der Kulturlandschaft vor unserer Haustür.

Um den Wiedehopf in Deutschland aufzuspüren, fahren wir 400 Kilometer von Hamburg aus in Richtung Südosten. In der Nähe des ehemals militärisch genutzten Geländes »Lieberose« in Brandenburg sind wir mit Hartmut Haupt verabredet, einem Vogelkundler, der sich seit einiger Zeit besonders stark mit dem Wiedehopf beschäftigt.

Wer sich mit einer solchen Art auseinandersetzt, muss ein interessanter Mensch sein und wird viel zu erzählen haben, vermuten wir. Hartmut Haupt sammelt uns vom verabredeten Treffpunkt auf. Kurz darauf sitzen wir in einem Pkw, der zum geländetauglichen Vehikel umgerüstet ist, und fahren durch eine seltsam anmutende Landschaft. Wenn die lockeren Kiefernbestände der ersten Kilometer endlich zurückbleiben, öffnet sich eine Steppe, hauptsächlich aus Silbergras gebildet. Doch dann wird es selbst diesen Pflanzenspezialisten zu trocken und alle Vegetation bleibt aus.

An einer solchen Stelle verlassen wir erstmals den Wagen. Wir gehen durch eine Wüstenlandschaft, die von großen Huftierspuren durchzogen ist. »Rothirsche und Wildschweine wandern hier, seit ein paar Jahren auch schon mal ein Wolf«, sagt Hartmut Haupt. Die Bodensteinchen glitzern in der Hitze des Tages. Wir haben noch nie so viele Ameisen gesehen, die wie aufgeheizt über den Boden rennen. Für einige von ihnen endet ihr Weg jedoch jäh in den Trichtern der Ameisenlöwen, den Larven der Ameisenjungfern, die sich auf den Fang und Verzehr der geschäftigen Hautflügler spezialisiert haben. Diese rutschen, einmal in den Trichter gelangt, immer tiefer, je mehr sie strampeln und versuchen, diesen wieder zu verlassen, weil die Sand-

körner unter ihnen nachgeben. Im Zentrum aber sitzt der Erbauer, von Sand getarnt und mit kräftigen Kieferzangen bewehrt.

»So kann die Wunschlandschaft des Wiedehopfes aussehen. Aber sie muss es nicht. Wichtig ist vor allem, dass das Nahrungsangebot stimmt.« Wieder einmal. Im Falle des Wiedehopfes sind es vor allem Großinsekten, nach denen ihm der Sinn steht. Große Insektenarten, und dann auch noch in ausreichendem Maße, sind jedoch zur absoluten Mangelware in unserer ausgeräumten, tot gespritzten Landschaft geworden.

Es scheint dem Wiedehopf ähnlich zu gehen wie dem Weißstorch. Zwar dürften Wiedehopfe den trockenen Lebensraum bevorzugen, die Weißstörche den feuchten. Entsprechend spezialisiert sind die beiden Arten auf den ersten Blick auf bestimmte Nahrungsressourcen: Während der eine Maulwurfsgrillen, Käfer und Larven aus dem Boden stochert, hält der andere, geduldig im Flachwasser watend, nach Fröschen und Fischen Ausschau. Doch täuscht dieser Eindruck. In Frankreich haben wir den Wiedehopf erlebt, wie er genau wie der Storch den feuchten Lebensraum nutzt, in Ungarn, wie er in den Häusern der Ortschaften brütet; den Weißstorch haben wir in Spanien als Vogel der trockenen, weiten Landschaften und als Insekten- und Mäusejäger kennenlernen dürfen.

»Für das Überleben gefährdeter Arten der Offen- und Halboffenlandschaft, z.B. des Wiedehopfes, werden ein verminderter Stoffeintrag in die Landschaft sowie ein sinnvolles Flächenmanagement in (ehemals) militärisch genutzten und devastierten Gebieten entscheidende Faktoren sein«, schreiben Robel und Ryslavy in ihrem bereits 1996 veröffentlichten Beitrag »Zur Verbreitung und Bestandsentwicklung des Wiedehopfes *(Upupa epops)* in Brandenburg«. »Devastiert« bedeutet in diesem Zusammenhang »beschädigt, gestört« im Sinne von »Aufriss und Offenhalten der Vegetationsdecke« durch Panzer und Munition. »Abbruchkanten schaffen und mittels Radspuren den Boden verdichten helfen« bedeutet es außerdem. Bereits 1996 konnte man also gut einschätzen, wie schlecht es um die Wiedehopfbestände bestellt war und welche Bedeutung zukünftig den letzten verbliebenen offenen Standorten zukommen würde, nicht nur für den Wiedehopf, sondern für eine ganze Reihe weiterer hochgradig gefährdeter Arten. Zu diesen Arten zählen Vögel wie Ziegenmelker, Raubwürger und Wendehals, außerdem Insekten wie Ödlandschrecken und Dünen-Sandlaufkäfer.

Wir befinden uns auf einem solchen ehemals militärisch genutzten Gelände, dem einst größten Truppenübungsplatz (TÜP) der DDR: Lieberose. Lieberose wird mit seinen 24.000 Hektar als »größte Wüste Mitteleuropas« bezeichnet. Denn er verfügt über weit mehr als trockene Kiefernwaldgesellschaften und hin und wieder uralte, wertvolle Laubwaldzellen: Vor allem durch Licht und Wärme geprägte Silbergras- und Besenginsterfluren, Besenheidebestände und Sandheiden und so Gegensätzliches wie Sandoffenlandschaften und Vorwaldstadien unterschiedlichster Ausbildung prägen das Bild.

In dieser Wüste stehen wir. »Vor 1990 konnte man natürlich nicht drauf«, sagt Hartmut Haupt nachdenklich. »Zwar arbeite ich seit 1976 vogelkundlich, aber mit dem Wiedehopf habe ich erst die letzten Jahre zu tun. Die Art ist für mich etwas ganz Besonderes. Ihr Bestand war zwischenzeitlich auf unter 100 Brutpaare in Brandenburg herunter. Die letzten verbliebenen guten Lebensraumbedingungen waren unserer Ansicht nach hier auf dem TÜP gegeben, so dass wir uns entschlossen, an Ort und Stelle ein Niströhrenprogramm zu starten. Dort waren zwar gute Nahrungsgrundlagen vorhanden, aber kaum Bruthöhlen, die die Art benötigt. Die Kunsthöhlen wurden gut angenommen, so dass Brandenburg jetzt wieder etwa 200 Brutpaare aufweist. Der eigentliche Erfolg dieser Maßnahmen aber ist, dass mittlerweile auch wieder Bruten außerhalb des TÜP stattfinden.«

Begriff: Silbergrasflur

Silbergrasfluren besiedeln Flugsand-Rasen und werden vor allem durch die Verbandscharakterart Silbergras (*Corynephorus canescens* L.) gebildet. Die Art bildet typische ausdauernde Horste aus rauen, silbrig-graugrünen Halmen. Über ihre tief dringende Intensivbewurzelung sind sie optimal angepasst an trockene, heiße und extrem nährstoffarme Standorte. Besondere Vorkommen existierten auf den uferbegleitenden Wanderdünen entlang großer Ströme wie der Elbe bis zur Besiedlung durch den Menschen. Heute ist diese Lebensgemeinschaft vor allem auf aktiv und ehemalig genutzte Truppenübungsplätze sowie Tagebaunachfolgeflächen ausgewichen und angewiesen.

Schutzstatus und Bedeutung: Die Silbergrasflur ist nach der Roten Liste der gefährdeten Biotoptypen Deutschlands in der Kategorie 2 als »stark gefährdet« eingestuft. Sie wird als Lebensraumtyp »Offene Grasflächen mit *Corynephorus* und *Agrostis* auf Binnendünen« im Anhang I der FFH-RL aufgeführt. Der Lebensraum dieser Flugsandfelder bietet zahlreichen anderen Spezialisten wie Vogel-, Insekten-, Pflanzen- und Flechtenarten (als Symbiose aus Alge und Pilz) ihr Auskommen. Sie gehören dadurch zu den besonders wertvollen Lebensräumen Deutschlands und bilden einen wichtigen Teilaspekt der *Wiedehopf-Rückzugsgebiete*. Der Rückgang der Silbergrasfluren weist alarmierend auf den Rückgang eines Lebensraumes und der darauf angewiesenen Lebensgemeinschaften hin. Gefährdung besteht vor allem durch Verbuschung, Nährstoffanreicherung über benachbarte Ackerflächen und Abbau zu menschlichen Nutzungszwecken.

Der »Herr der Ringe«

»Früher war der Wiedehopf geradezu allgegenwärtig. Die Landschaft war nährstoffärmer, es existierten viele trockene, sandige Flächen, Ruderalstellen mit Wildkräutern, auch innerhalb der Ortschaften. Brutangebote waren noch zahlreich in alten Laub- und Obstbaumbeständen sowie altem Mauerwerk der Häuser. Die Art braucht offene Flächen zur Nahrungssuche. Heute verkrauten viele Flächen durch die übermäßige Nährstoffversorgung. Dort kann kein Wiedehopf mehr langgehen«, meint Hartmut Haupt.

Wir steigen in den Wagen und fahren einen lichten Kiefernbestand an, der mit Wegen durchzogen und Besenheide unterstanden ist. Am dritten kleinen Baum hängt ein langer Kasten. Er besteht aus einer Röhre mit zwei Eingängen. Der hintere ist mit einer Klappe verschlossen, der vordere offen zum Ein- und Ausfliegen der Elternvögel.

Nach leichtem Klopfzeichen an die Außenwand meldet sich etwas im Inneren mit einem leisen Fauchen. »Besetzt«, sagt Hartmut Haupt. Er bringt seine Werkzeugtasche in Position und holt die Trittleiter aus dem Kofferraum des Wagens. Denn: »Wegen der Sicherheit der Vögel ist die Brutröhre in einigen Metern Höhe angebracht.« Er besteigt die Leiter und öffnet den Hintereingang. In seiner Hand kommt ein 17 bis 19 Tage altes Wiedehopfküken zum Vorschein. Ganz still verhält es sich mit weit aufgestellter Haube. Die Haube besteht aus Schmuckfedern von orangener Farbe mit schwarzer Spitze, in einer Doppelreihe angeordnet. Sie kann je nach Stimmung aufgestellt oder niedergelegt werden. Voll ausgebildet ist sie bei unserem Küken noch nicht; die einzelnen Federn stecken noch in Federkielen.

Ich möchte gern erfahren, ob Hartmut Haupt mit anderen an diesem Projekt zusammenarbeitet oder eher Einzelkämpfer in Sachen Wiedehopfschutz ist. Er antwortet: »Meine Arbeit führe ich ehrenamtlich aus. Einige wenige andere unterstützen mich darin. Die Kästen allerdings wurden beispielsweise über das Biosphärenreservat Spreewald besorgt und in einer Behindertenwerkstatt hergestellt. Finanzielle Unterstützung bezüglich der Materialien erfahren wir meist durch das Landesumweltamt, einen Naturpark oder eine Spende eines Naturschutzverbandes wie dem NABU.«

Es ist das einzige Küken in diesem Kasten. »Die Altvögel sind zwar unberingt, aber wir beringen in jedem Jahr sämtliche Nachkommen in diesem Gebiet. Und dennoch sind fünfzig Prozent aller Brutvögel im kommenden Jahr wieder unberingt. Wir wissen also nicht genau, wo

Aschgraue Sandbiene
(*Andrena cineraria*) als
Bewohner der Sandflächen

Der »Herr der Ringe«

diese herkommen. Zwar werden nicht alle Jungvögel in Deutschland beringt, sondern nur die im Zusammenhang mit besonderen Projekten stehenden. Die Art aber ist heute so selten, dass man in jedem Bundesland bemüht ist, genaue Brutnachweise zu führen.«

Als Erstes entleert das Küken eine besondere Drüse über die Kloake in Hartmut Haupts Hand. Sie enthält ein übel riechendes Öl. Gerade aufgrund dieses Verhaltens nannte man den Wiedehopf früher auch Stink- oder Kothahn. Angeblich dient dieses Verhalten der sogenannten »Feindabwehr«, das heißt, es soll Marder, Füchse und andere Tiere davon abhalten, Küken und brütende Wiedehopffrauen zu töten und zu verzehren. Doch Hartmut Haupt bezweifelt eher den Erfolg. »Ein besserer Schutz kommt der gut gewählten Höhle zu, ausreichend hoch und unzugänglich angebracht.«

Er zieht einen kleinen Ring von einem Reif mit vielen anderen Ringen, legt ihn dem Vogel ums Bein und schließt ihn behutsam mittels einer feinen Zange. »Was steht auf den Ringen drauf, die die Küken über dem Fußgelenk angebracht bekommen?«, frage ich. »Der Ring trägt die Gravur der Vogelwarte und eine laufende Nummer. Bei Wiederfund gehen die Daten an die zuständige Vogelwarte, der Herkunft und Schlupf bekannt sind. Dadurch vervollständigt sich das Bild über die Art. Zum Beispiel lassen sich Erkenntnisse über das Zugverhalten auf diese Weise gewinnen. Bereits in den 1950er-Jahren wurden Wiedehopfe beringt, allerdings nicht häufig. Drei Funde wurden bekannt, bei denen die Vögel komischerweise Richtung Südwest gezogen waren. Unsere heutigen beringten Vögel fliegen allesamt wie die Störche in südöstlicher Richtung.

Im Spreewald bekamen die Vögel auch mal eine Weile Farbringe, und zwar nur die Altvögel. Heute ja nicht mehr. Das hing mit einem Projekt zur Bestandskontrolle zusammen. Bei dem eng begrenzten Gebiet konnte man durch die Beobachtung der leicht wiedererkennbaren Vögel genau sagen, welche zu den Einwanderern und welche zu den Geburtsansiedlern gehörten. Als ich eines Tages im Gelände damit beschäftigt war, Wiedehopfe zu beobachten und gegebenenfalls zur Beringung zu fangen, setzte sich ein Vogel auf die Brutröhre und zupfte seinen Farbring so zurecht, dass ich ihn ablesen konnte, so als wollte er mir sagen: ›Bin schon beringt, brauchst mich nicht noch mal zu fangen.‹

Der »Flug des Phönix«

»Es gibt viele weitere, schöne Geschichten im Zusammenhang mit diesem interessanten Vogel. Auch der abgespritzte Kot ist nicht immer in der Hand gelandet. Man muss halt aufpassen, besonders wenn man auf der Leiter steht und direkt vor seinem Gesicht die Niströhre öffnet. Und umso jünger die Vögel sind, desto schlimmer riecht der Kot und desto leichter spritzen sie diesen ab. Daher kommt auch der Ausdruck ›Man stinkt wie ein Wiedehopf‹.«

Wie häufig, allgegenwärtig und vertraut der Wiedehopf einmal in Deutschland gewesen ist, sieht man nicht wie im Falle des Bibers an den Orten, die nach ihm benannt wurden, sondern an der Vielfalt seiner im Volksmund gebräuchlichen Bezeichnungen. Er wird Kuckucksküster genannt, weil er einige Tage vor dem Kuckuck auf dem Frühlingszug heimkehrt. Man nannte ihn Stink-, Dreck- und Kothahn oder auch Puvogel, weil er oft dabei beobachtet wurde, wie er im Dung nach Käfern und Fliegenmaden stocherte. Und das Kotspritzen war der Dorfjugend wohlvertraut, wenn man einen jungen Wiedehopf mit der Hand aus dem Nest holte.

Hartmut Haupt beim Beringen eines Wiedehopfkükens

»Einmal habe ich eine kuriose Fütterung erlebt«, sagt Hartmut Haupt. »Man muss dazu wissen, dass nur das Weibchen brütet. Sie sitzt nach der ersten Eiablage regelmäßig im Kasten. Fünf bis sieben Eier werden durchschnittlich gelegt, mitunter auch mehr. Etwa ab dem vorletzten Ei sitzt sie dann fest auf dem Gelege. Zwar kommt sie auch einmal kurz wieder hervor, um sich die Beine zu vertreten und abzukoten. Aber über die gesamte Brutzeit von 13 Tagen und knapp darüber hinaus und schließlich auch in der Zeit, in der sie die Jungen hudert, wird sie vom Männchen gefüttert. Einmal kam ein revierfremder Mann an – das konnte ich an der Beringung erkennen – und setzte sich oben auf die Niströhre. Im Schnabel hielt er ein großes Futtertier. Die Dame des Hauses kam hervor, nahm ihm den Futterbrocken ab und verschwand wieder in ihrer Röhre. Das wiederholte sich noch einmal, bis sie offensichtlich merkte, dass es sich nicht um ihren eigenen Gatten handelte, sondern um ein fremdes Männchen. Nach scheinbar kurzer Überlegung nahm sie ihm die Nahrung ab und vertrieb ihn anschließend.

Eine weniger schöne Geschichte hat sich vor vier, fünf Jahren zugetragen«, erzählt Hartmut Haupt. »Der Tod von mindestens zehn Wiedehopfdamen fiel genau mit dem vermehrten Auftreten der Nonne zusammen, eines Nachtschmetterlings, der vor allem Nadeln der Bäume wie der Kiefer verzehrt. Offensichtlich wurde etwas gespritzt, das die Wiedehopfe über die Nahrungsaufnahme in Form der Raupe nicht vertragen konnten. Zehn tote Altvögel bei dem so geringen Bestand der Art waren ein herber Verlust, der auch noch in der folgenden Brutsaison spürbar war. Wir haben die Zahlen einigermaßen hochpäppeln können, aber so wie es einmal war, wird es sicher nie wieder sein. Dafür sind die Landschaften einfach zu sehr mit Nährstoffen angereichert und zu wenig Stellen offen.«

Vielleicht ist der Wiedehopf eine der Arten, die vom Klimawandel profitieren. Denn die Zunahme der offenen, trockenen Standorte und der Großinsekten könnten den Wiedehopfen vorerst »über den Berg« helfen. Tatsächlich sind wieder Sichtungen aus Niedersachsen bekannt geworden. Zum Teil tragen sicher die Schutzbemühungen der Brandenburger Ornithologen wie

Hartmut Haupt Früchte. Doch fällt auf, dass Wiedehopfe auf den Aschefeldern ehemaliger Waldbrände auftauchen. Wie der Vogel Phönix wirken sie dann wie aus der Asche geboren, auf ihren kurzen Tippelbeinchen laufend, nach Nahrung suchend und mit ihrem bunten Gefieder besonders stark kontrastierend zum schwarzen Boden. Und Waldbrände sind im Zuge des Klimawandels für die nahe Zukunft in zunehmendem Maße zu erwarten.

Als wir das Gebiet verlassen, steigt direkt vor uns aus dem Halbschatten eines Wegrandes ein Altvogel auf. Schmetterlingshaft, mit weit ausladenden rudernden Flugbewegungen kommt sein abwechslungsreiches Gefieder voll zur Geltung, nachdem wir ihn, vor uns auf den Boden gedrückt, fast übersehen hätten. Ein zweiter schließt zu ihm auf, von irgendwoher kommend, wo wir auch ihn nicht bemerkt hatten. Ein wunderschönes Bild bietet sich uns für eine kurze Weile: zwei Wiedehopfe, die im Abendlicht direkt vor uns herfliegen, bevor sie mit einer raschen Wendung im Synchronflug den Weg verlassen und, über die Baumkronen hinausschießend, im Nu wieder verschwunden sind. Vielleicht mag es dem Wiedehopf in der Zukunft gelingen, unbemerkt seine Schönheit in unmittelbarer Nähe aufrechtzuerhalten und immer wieder aufs Neue zu entfalten. Wer den Flug des Wiedehopfes einmal hat erleben dürfen, der wird ihn nie mehr vergessen.

Merkmal-Katalog Wiedehopf (*Upupa epops* Linné, 1758)

Synonyme: Zahlreich: Puvogel, Stinkbüberl, Dreckvogel, Stink- und Schmutzhahn, Kuhhirt, Schiettop, Kotkrämer, Kuckucksküster. Im Aberglauben oft in Zusammenhang mit dem Teufel gesetzt. Übersetzung in polnische Sprache: »dudek«. Die deutsche Namensgebung leitet sich von »Hopf der Weiden« ab, nicht etwa von »wieder hüpft er«. Sie wird auch aus dem Germanischen mit »Der durch den Wald hüpft« übersetzt.

Assoziation: Gestank; Haube; exotisch wirkender Vogel (jedoch nur scheinbar). Der zoologische Name *Upupa* ist nach dem Klanglaut »Hubhubhub« gebildet. Der Wiedehopf wurde erst im Mai 2008 zum neuen Nationalvogel Israels gekürt.

Systematik: Klasse: Vögel (*Aves*) – Ordnung: Hopfartige (*Upupiformes*) – Familie: Wiedehopfe (*Upupidae*)

Verbreitung: Der Wiedehopf war in relativ wenigen Arten und Unterarten früher über ein großes Areal verbreitet. Er bewohnte weite Teile Europas, Asiens und Afrikas.

Lebensraumtypen: Lückiger Vorwald durchsetzt mit völlig kargen Bodenbereichen und Sandtrockenrasen, dazu einzeln stehende, dicke, höhlenreiche Bäume (Überhälter), wie es für Heidelandschaften typisch ist. Offenes Grasland bot ursprünglich mit seinen großen Tierherden und deren Dungproduktion zahlreichen Bodenlebewesen (Würmer, Insektenlarven) Nahrungsgrundlage und somit auch dem Wiedehopf.

Körper: Bis 28 Zentimeter Körperlänge. Auffällig gezeichneter Vogel, mit schwarz-weißer Flügel-, Rücken- und Schwanzpartie, orangefarbenem Gesicht und Hals, orangefarbenen Kopfhaubenfedern in Doppelreihe, die weiß und schwarz enden. Relativ kurze Beine und langer gebogener Schnabel.

Gewicht: 51 bis 80 Gramm

Biologie / Brutzeit: In Deutschland mit Ausnahmen Sommer- und Brutvogel. Bis zu zwei Bruten pro Saison. Höhlenbrüter in Bäumen und Gebäuden, Nisthilfen, aber auch Bodenbrüter z. B. in Prallhängen und in ebenem Grasland. Fünf bis zwölf grünlich-bräunliche Eier in der Größe 25 mal 17 Millimeter. ♂ füttert ♀ während der relativ kurzen Brutzeit von 13 bis 20 Tagen. Brutbeginn im Regelfall mit der Ablage des vorletzten Eies. Der Schlupf aller Küken erfolgt meist innerhalb von zwei Tagen. Die Küken verlassen mit etwa 26 bis 30 Tagen die Höhle, um dann die Eltern für einige Tage zu begleiten. Als Nachtzieher verlassen die Wiedehopfe in Mitteleuropa im Laufe des August bis September ihr Brutgebiet. Sie überwintern südlich der Sahara (Senegal, Nigeria, Somalia, Kenia, Tansania) oder im Mittelmeerraum und auf der Iberischen Halbinsel, wo sie auf die dortigen Brutpopulationen treffen. Vereinzelt wird auch in Mitteleuropa überwintert. Die Männer kehren zuerst zurück. Meist erfolgt zeitige Heimkehr in die Brutgebiete, in Deutschland im März bzw. April.

Ernährung: Hauptsächlich Großinsekten wie Maikäfer, Maulwurfsgrillen und deren Larven, aber auch kleine Reptilien und Weichtiere, die mit Hilfe des Schnabels pinzettenartig stochernd aus dem Boden aufgelesen werden. Auch Dunghaufen werden diesbezüglich eingehend untersucht.

Bestand: Aktuell geschätzt auf ca. 400 Brutpaare für Gesamtdeutschland mit wieder leicht steigender Tendenz aufgrund strenger Schutzmaßnahmen und Nistkastenangebote. Europaweit auf 890.000 bis 1.700.000 Brutpaare geschätzt.

Schutzstatus: In Deutschland in Kategorie 1 (vom Erlöschen bedroht) der »Roten Liste Brutvögel« geführt. Der Wiedehopf gehört heute auch im restlichen Mitteleuropa zu den am stärksten gefährdeten Vogelarten, gilt jedoch europa- und weltweit als »ungefährdet« und wird daher nicht in der Roten Liste geführt. »Streng geschützte Art« nach »Berner Konvention« in Anhang II sowie als »streng geschützte Art« geführt nach der »Bundesartenschutzverordnung« vom 16.2.2005; sonderbarerweise *nicht* in der EU-VSR als Anhang I (wertgebende, artenschutzrechtlich relevante Arten von gemeinschaftlichem Interesse) geführt.

TÜP Lieberose – die »größte Wüste Mitteleuropas«

Wildpferd – Rückkehr im Galopp

Beim Besuch im Kölner Zoo bleiben viele Menschen vor einem Gehege stehen und fragen: Weshalb werden Pferde im Zoo ausgestellt? Und wundern sich: Pferde ohne Reiter – geht das überhaupt? Ein Sprichwort sagt: »Das Denken sollte man lieber den Pferden überlassen – die haben den größeren Kopf.«

Karriere mit Mensch?

Für viele Menschen ist es beim Anblick eines Pferdes nur schwer vorstellbar, dass es sich um ein echtes Wildtier handeln kann. Zu sehr vertraut ist ihnen das Bild des Pferdes im Hausstand. Heute werden die meisten Pferde als Reittier im Freizeitsport eingesetzt. Früher dagegen wurden sie hauptsächlich als Zugtier »verwendet«, das schwere Lasten, Kutschen und Pflüge zu ziehen hatte. Wenn es am Ende seiner Arbeitskraft war, diente es noch bestenfalls zur Fleischkonserve. Manche Landstriche wurden geradezu gerühmt für ihre Rosswurst. Noch früher hat man auf dem Rücken der Pferde sitzend sogar Kriege ausgetragen. Doch von den Verlusten unter den Pferden damals spricht bis heute niemand.

Mittlerweile hat man das Hauspferd auch für »Therapeutisches Reiten« entdeckt. Der Kontakt zum Pferd verhilft sowohl Kindern als auch körperlich und geistig behinderten Erwachsenen zu großartigen Lernerfolgen in punkto Verbesserung von Selbstbewusstsein und Gleichgewichtssinn. Dagegen verstand man unter der sprichwörtlichen guten alten »Rosskur« die »Behandlung mit besonders harten, unangenehmen Methoden«. So ändern sich die Zeiten.

Wer sich einen Zeitsprung von gleich 55 Millionen Jahren zutraut und im nördlichen Amerika landet, der sucht dort vergebens nach Pferden oder etwas, das den heutigen Pferden auch nur ansatzweise ähnlich sieht. Auch die Landschaften sehen nicht so aus, wie man sich das als modernes Pferd wünschen würde. Es existieren keine ausgedehnten Wiesen und Prärien. Dort, wo sich heute Touristen an den berühmten Ferienorten der USA tummeln, stehen ungewohnt üppige Wälder. Das wenige Licht, das ihre gewaltigen Baumkronen passieren kann, gewährt den Blick auf eine Gruppe seltsam anmutender Tiere am Waldboden. Jedes von ihnen hat mit 35 Zentimetern Schulterhöhe die Größe eines kleinen Hundes.

Der Urwald, der damals in weiten Teilen Nordamerikas vorherrscht, erinnert entfernt an die tropischen Regenwälder unserer Tage. Die Bäume, die sein Dach tragen, stehen nicht in einem wirren Durcheinander, sondern formen hallenartige Konstruktionen aus. Nur an ihren Stämmen konzentrieren sich Schlingpflanzen und bilden einen gewaltigen Ballast. Dadurch, dass sich das pflanzliche Leben vor allem auf den Bereich der Baumkronen und um die Stämme herum konzentriert, bleiben die Böden weitestgehend vegetationsfrei und nur von einer dünnen Laubstreu bedeckt. Leicht ist es hier nicht für reine Vegetarier, Nahrung zu finden. Nur entlang der Flussläufe und Strände und auf Lichtungen zieht sich das pflanzliche Grün weit hinunter bis in die unterste Etage.

Beim beobachteten Tier handelt es sich um das *Hyracotherium*, einen Vertreter aus der Tiergruppe, aus der sich einmal das Pferd entwickeln wird. Es reagiert auf die Strukturen und das beschränkte Nahrungsangebot seiner Umwelt mit einer Reihe außergewöhnlicher Anpassungen. In seiner dunklen Grundfarbe ist es dem Waldboden mit seinen raschen Abfolgen von Hell auf Dunkel angepasst. Das Flecken- und Streifenmuster ist geeignet, seine Konturen für den nur flüchtig Blickenden aufzulösen. Erst aus nächster Nähe hebt sich das Tier plötzlich deutlich umrissen von seiner Umgebung ab. Bis sich eines der Tiere bewegt und die ganze Gruppe zur Flucht verleitet. Das war's, denkt sich der Zeitreisende. Doch die Tiere zeichnet neben Vorsicht und stetiger Fluchtbereitschaft auch eine unersättliche Neugier aus. So sind sie nicht weit geflüchtet und bieten Gelegenheit, etwas genauer unter die Lupe genommen zu werden.

Vier Zehen vorn und drei Zehen hinten verraten den weichen Untergrund ihres Lebensraumes. Das spätere Pferd wird als mobile Art im Vergleich dazu auf nur einem einzigen ausgebildeten Mittelzeh eines jeden Fußes laufen, geschützt noch durch einen kräftigen, beständig nachwachsenden Hufnagel, in Anpassung an die harten Steppenböden und an ausgeprägtes Wanderverhalten. Die Verschiedenartigkeit der Zähne im Gebiss des *Hyracotherium* verrät, wie abwechslungsreich es sich von Blättern, Blüten, Samen, Früchten und Wurzeln ernährt. Viele seiner Zähne sind breit und flach, die des modernen Pferdes dagegen scharf und hochkronig, bestens geeignet, um damit harte Gräser zu schneiden.

Kontaktaufnahme

Um gleich alle Vorurteile zu entschärfen: Das *Hyracotherium* war nicht dümmer als das moderne Pferd, nur weil es ein vergleichsweise kleines Gehirn besaß. Aber es hatte offensichtlich eine andere Qualität an Umwelteinflüssen zu verarbeiten. Bei den meisten Säugetierstämmen ist eine Zunahme von Gehirngröße und -gewicht über die Jahrmillionen ihrer Evolution zu verzeichnen. Diese Evolution verlief aber nicht geradlinig und zielgerichtet. Im Fall des Pferdes blieben viele hervorgebrachte Gattungen und Arten über kurz oder lang auf der Strecke. Am Ende überlebte nur die Gattung *Equus* bis in die Neuzeit unter Ausbildung weniger Arten. Dennoch wäre es falsch zu sagen, das *Hyracotherium* sei nur die Vorstufe des Pferdes und die Linie der *Equiden* – und mit ihr die gesamte Ordnung der Unpaarhufer – sei im Vergleich zu anderen Säugetierfamilien weniger erfolgreich gewesen oder hätte ihren evolutionären Höhepunkt längst hinter sich gebracht.

Während sich das *Hyracotherium* auf Teile Nordamerikas beschränkte, verbreiteten sich die späteren Pferdeverwandten bis vor 10.000 und 30.000 Jahren weit über die Erde. Ihr Vorkommen erstreckte sich vorübergehend von Süd-, über Mittel- bis hin nach Nordamerika. Sie lebten in ganz Eurasien und sind bis heute in Form der Zebras und Wildesel in Afrika existent. Die Vertreter der Pferdefamilie sind allesamt so anpassungsfähig, dass sie mit einer weitaus geringeren Artenzahl im Versuch auskamen als beispielsweise verschiedene Familien der Paarhufer.

Am Ende der letzten Eiszeit verschwanden verhältnismäßig plötzlich viele der Equiden einfach von der Bildfläche. Verschiedene Gründe für diese weltweiten Aussterbevorgänge sind zu vermuten. Sie reichen von Klima- und Vegetationswechsel bis hin zum sogenannten »Overkill«, an dem ausschließlich der Mensch schuld sein soll. Zumindest gilt eines: Solange wir den wahren Grund dieses Massensterbens nicht kennen (und wir eventuell eine und sogar die entscheidende Rolle dabei gespielt haben könnten), wäre es dreist, die Equiden-Gruppe als nicht sonderlich erfolgreich darzustellen, wie es in der Literatur oftmals behauptet wird!

Gleichzeitig zum *Hyracotherium* in Nordamerika lebte ein kleiner Pferdeverwandter in Europa, der aber keine Nachfahren hervorgebracht hat, die zur Entwicklung des modernen Pferdes führten. Seine Spuren sind bis heute in der für ihre Fossilien berühmten Grube Messel zwischen Frankfurt am Main und Darmstadt zu finden. Die gesamte Entwicklung der Pferde sollte sich jedoch in Nordamerika ausschließlich bis vor etwa 2,6 Millionen Jahren abspielen. Die weitere Entwicklung von diesem Zeitpunkt an wirkt kurios: Während der ersten Eiszeit wanderten Equus-Vertreter über die Beringstraße nach Asien ein und von dort aus weiter nach Europa und Afrika. In Amerika starben alle Pferdearten am Ende der letzten Eiszeit aus. Die Gründe hierfür müssen spekulativ bleiben. Doch spricht auch hier Einiges dafür, dass die Hauptgründe in Klimawandel und menschlicher Bejagung zu suchen sind. In Eurasien und Afrika dagegen überlebten die Pferde.

Erst der Mensch brachte in Form des domestizierten Pferdes im Laufe des 15. Jahrhunderts einen echten Vertreter dieser Gattung zurück nach Amerika. Einige der dort gehaltenen Hauspferde kamen frei und verwilderten. Wieder auf sich selbst gestellt, entwickelten sich daraus in den trockenen Landstrichen der westlichen USA die sogenannten Mustangs, die oft fälschlicherweise als echte »Wildpferde« bezeichnet werden. Hauspferde verwildern an der Seite des Menschen auch in anderen Teilen der Erde, die sie als Wildform nie hätten erreichen können, so zum Beispiel in den Wüstengebieten Australiens und Namibias.

Nur das Steppenzebra (*Equus burchelli*) hat in einigen Teilen Afrikas in nennenswerter Zahl bis in die Neuzeit überlebt und hilft einen ungefähren Eindruck zu vermitteln, in welcher Zahl Pferde in Naturgebieten leben können. Bestens vertraut sind dem Fernsehzuschauer und Afrikakenner die Wanderungen der »Tigerpferde«. Alle anderen Vertreter sind in ihrem Bestand mehr oder weniger bedroht. In Europa starben die letzten echten Wildpferde erst vor einigen Jahrhunderten aus. Eine überlebende Unterart bildet das Przewalskipferd.

Zoogeschichte(n) schreiben

Um diese letzten Wildpferde und Nachfahren des *Hyracotheriums* zu besuchen, bin ich nach Köln gereist. Dort am Ufer des Rheins und in der Nähe des Doms, dem weithin sichtbaren Wahrzeichen der Stadt, liegt der Zoo Köln, der auf einer Fläche von 20 Hektar einen Tierbestand von 730 Arten beherbergt. Der Kölner Zoo ist der drittälteste unter Deutschlands Tiergärten und verdeutlicht wie nur wenige andere, bedingt durch seine fast 150-jährige Geschichte, alle Übergänge zwischen früherem Menageriebetrieb und moderner Arbeit zur Arterhaltung.

Ich bin mit Waltraut Zimmermann verabredet. In ihren Händen laufen alle Fäden der europäischen Zucht des Przewalskipferdes zusammen. Sie erzählt: »Eigentlich bin ich zu den Wildpferden, vornehmlich zu den asiatischen *Equiden*, wie die berühmte ›Jungfrau zum Kinde‹ ge-

Winter im Hortobágy Nationalpark, Ungarn

kommen. Als Kuratorin bin ich für eine Reihe von Säugetieren verantwortlich, das heißt, ich betreue überwiegend Huftiere. Dazu gehören Arten von den kleinsten Hirschen bis hinauf zu den Giraffen. Einige andere Tiere wie die Erdmännchen kommen noch hinzu, da sie in den Zoorevieren der Huftiere untergebracht sind.

Mein tägliches Brot besteht natürlich in erster Linie aus der Revierbetreuung mit allem, was dazu gehört. Ich prüfe, welche Tierabgaben und -zugänge notwendig sind. Ich nehme Gehegegestaltungen und -veränderungen vor. Und selbstverständlich kümmere ich mich auch um die Belange der Tierpfleger.

Wenn Gehegehaltungsschwierigkeiten auftauchen, bemühe ich mich mittels Studienarbeiten um Problemlösungen. Studenten beobachten dazu die Tiere über einen längeren Zeitraum ganz genau. Über die wissenschaftliche Tätigkeit hofft man, analog die Haltung verbessern zu können. Inzwischen haben sich die meisten europäischen Zoos zusammengeschlossen und arbeiten im Rahmen des Europäischen Erhaltungszuchtprogramms (EEP) auch Haltungsricht-

Przewalskipferde in der Gobi

linien aus. Dafür werden immer entsprechende Experten gesucht. Ich hatte mich bereits um die Haltungsrichtlinien für Okapis und Giraffen gekümmert.«

»Handelt es sich um einen Zufall oder war es ihr ganz spezieller Wunsch, sich auch um die Wildpferde zu kümmern?«, frage ich.

»Als ich hier im Kölner Zoo angefangen habe, hat man mitbekommen, dass ich selber Reiterin bin und hat sich gedacht: ›Ach prima, dann übernehmen Sie die Equiden gleich mit.‹ Speziell nachgefragt habe ich also nicht, das hat sich automatisch so ergeben. Eine Kollegin von mir aus dem Stuttgarter Zoo kümmert sich um die Ausarbeitung der Haltungsrichtlinien für afrikanische Equiden. Diese Arten sind an warme Klimaverhältnisse angepasst. Ich habe die Bearbeitung der Richtlinien für die an kalte Klimaverhältnisse angepassten asiatischen Arten übernommen. Im Rahmen einer Aufteilung der Arbeitsfelder bestand die Möglichkeit, Richtlinien zu erstellen, die für mehrere Arten gelten. Die Arbeit für das EEP beinhaltet die Führung der Zuchtbücher. Das bedeutet, Analysen zu machen und den Verlauf von Populationsentwicklungen einzelner Arten zu beschreiben. Dazu gehört auch, Anpaarungen innerhalb des EEPs vorzuschlagen, zum Beispiel für die Przewalskipferde, genauso wie die Empfehlung ›Nicht züchten‹ auszugeben, weil man sonst viel zu viele Tiere haben würde.«

Ich werde stutzig: »Kann man zu viele Tiere einer bedrohten Art haben?« »Es müssen immer genügend Möglichkeiten bestehen, die Tiere auch unterzubringen«, sagt sie. »Und man kann sie ja nicht einfach irgendwo aussetzen.«

»Und welche Schicksalsgeschichte hat die Art durchgemacht?«, frage ich. »Sie sind verhältnismäßig spät von Europäern in der Mongolei entdeckt worden«, antwortet Waltraut Zimmermann. »Man hat sich gar nicht vorstellen können, dass es tatsächlich noch ein Wildpferd gibt, das lebt. Denn die letzten Wildpferde in Mitteleuropa und Westasien waren ja bereits ausgestorben. Und dann stieß man in der Mongolei auf dieses Wildpferd. Der Naturforscher Poljakov benannte es 1881 nach dem russischen Forschungsreisenden Oberst Nikolai Michailowitsch Przewalski (1839–1888), der diese Tiere auf einer seiner Expeditionen beobachtete und einen Schädel und ein Fell nach Moskau brachte. Doch schon viel früher, bereits im 15. Jahrhundert, wurden die Wildpferde in der Mongolei in Reisetagebüchern von Europäern erwähnt.

Waltraut Zimmermann
mit Przewalski-Stute
»Ariane«

Und dann passierte das, was schließlich allem Großwild widerfährt, wenn der Mensch keinen unmittelbaren Wert als Jagdwild in ihm sieht, wie etwa für Rothirsch und Reh als Trophäenträger: Es bestand kein besonderes Interesse am Erhalt des Przewalskipferdes. Sein Lebensraum, die Dschungarische Gobi, ist vom Futterreichtum her nicht vergleichbar mit den europäischen Steppen, und es existieren auch nicht so viele Wasserstellen. An den wertvolleren Standorten wie an der Grenze zu China, wo sie die futterreichen Bergtäler bewohnt hatten, machte sich seit Ewigkeiten das Militär breit. Die verbliebenen Wasserstellen waren von den Nomaden besetzt. Die Wildpferde wurden als Nahrungskonkurrenten bejagt und verdrängt. Sie starben Ende der 1960er-Jahre in Freiheit aus.

Und nur weil Carl Hagenbeck (1844–1913), der Begründer des Hamburger Zoos, zu Beginn des 20. Jahrhunderts (1901 und 1902) einige Jungpferde in der Mongolei gefangen hatte, um sie in die Zoos zu bringen, hatte ein kleiner Bestand in Gefangenschaft überlebt. Er schien sich anfangs recht gut zu entwickeln, doch über die beiden Weltkriege hinweg brach dieser immer wieder zusammen. Aus den ehemals zwölf Pferden, mit denen gezüchtet werden konnte, waren am Ende des Zweiten Weltkriegs erneut nur zwölf Tiere hervorgegangen. Die Art ging also durch ein sehr enges genetisches Nadelöhr.«

»So dass in diesem Fall die Tierfangaktion am Ende dann doch auch ihr Gutes hatte?«, hake ich nach. »Ja«, sagt Waltraut Zimmermann, »in diesem Fall muss man das schon sagen, auch wenn viele Pferde bei den Fangaktionen ums Leben gekommen sind; aber sonst wäre das Przewalskipferd ein für allemal ausgestorben.« Und dann wirkt sie auf einmal sehr nachdenklich und betont: »Man muss klar sagen: Damals waren andere Zeiten! Aber man sollte es wirklich nie so weit kommen lassen, Tierarten in Freiheit aussterben zu lassen, weil nachher das Programm, mit den Überlebenden in Gefangenschaft zu züchten und diese wieder auszuwildern, unglaublich teuer ist. Dieses Geld kann man viel besser in den Biotopschutz investieren. Und wenn man die Biotope der Arten nicht erhält, braucht man sie auch nicht im Zoo zu erhalten, da man nachher nicht weiß, wo man mit ihnen bleiben soll. Und im Zoo kann man sie auf Dauer nicht erhalten. Das würde über entsprechend lange Zeiträume immer zu einer Domestikation führen, wenn die natürliche Selektion nicht mehr einsetzen kann.«

Begriffe: EEP/Zooverband (EAZA)

Bei dem **EEP** handelt es sich um ein zooübergreifendes Projekt. Es dient der gezielten und koordinierten Zucht von in Zoos gehaltenen Tierarten. Das EEP gehört zu den Hauptaktivitäten des Dachverbandes **EAZA**. Einen wesentlichen Bestandteil zur Erreichung der Zielvorgaben ist die geordnete Zuchtbuchführung mit Analysen zur Genetik und Demographie. Zu den ersten EEPs, die im November 1985 auf einer Tagung im Kölner Zoo ins Leben gerufen wurden, zählt auch dasjenige für das Przewalskipferd.

Das Wildpferd in Deutschland

»Vielleicht darf ich Ihnen eine Gegenfrage stellen?«, fragt Waltraut Zimmermann. »Warum wollen Sie über das Przewalskipferd schreiben, wenn Sie sonst nur über einheimische Wildtiere in Ihrem Buch berichten wollen?«

»Da die eurasische Unterart nicht mehr vorhanden ist, das Wildpferd aber zur ursprünglichen Fauna in Mitteleuropa gehörte, halte ich es für gut, über das Przewalskipferd darauf aufmerksam zu machen. Außerdem ist das Przewalskipferd das letzte echte Wildpferd und wird heute in verschiedenen Landschaftspflegemodellen in Deutschland eingesetzt.«

Ich erinnere Waltraut Zimmermann an einen Vortrag von ihr, den ich vor Jahren besuchte. In ihm hat sie in ihrer resoluten Art das Bild des Wildpferdes in Frage gestellt, wie es in der Literatur gern für den europäischen Typ angeführt wird. Vom sogenannten »Tarpan« ist da meist die Rede, welcher von mausgrauer Farbe sein sollte, mit dunklem Aalstrich entlang der Rückenlinie versehen und mit angedeuteter Beinstreifung ausgestattet. Angeblich soll er als letzte reinblütige Wildform in Europa erst Anfang des 19. Jahrhunderts ausgestorben sein.

»Wann die Unterart ausgestorben ist und wie sie genau ausgesehen hat, wissen wir nicht«, sagt Waltraut Zimmermann. »Eines dürfte jedoch klar sein: dass bei einer Art mit einem solch großen Verbreitungsgebiet etwas unterschiedliche Formen vorkommen. Man braucht sich das nur beim Wolf anzuschauen: Auch er kommt in allen möglichen Farbvarianten in seinem riesigen Areal vor. Es ist nicht bewiesen, dass der Tarpan mausgrau war, denn das letzte Pferd, bei dem man dachte, es handele sich um einen reinblütigen Tarpan, und an dem man seither das Bild des Tarpans festmacht, war bereits ein Hauspferd.

Ebenso gut kann das Eurasische Wildpferd die Farbe des Przewalskipferdes besessen haben. Und selbst bei diesem gibt es hellere und dunklere Farbschläge. Wenn man noch weiter in den Südwesten geht und die Höhlenbildnisse von Lascaux und anderen berühmten Stätten betrachtet, stellt man schnell fest, dass die vor 30.000 bis 40.000 Jahren darauf dargestellten Pferde aussehen wie die Przewalskipferde von heute, die so weit im Osten leben. Es ist für mich nur schwer vorstellbar, dass im geographischen Übergang dazwischen etwas ganz Anderes gewesen sein soll. Aber ausschließen kann ich es nicht. Letztendlich ist es aber auch egal, da wir den Tarpan nicht rekonstruieren können. Wir wissen es einfach nicht.

Und auch die Frage der Hauspferdwerdung ist übrigens bislang nicht hinreichend geklärt, weil man keine lückenlose Nachweiskette hat. Es ist schwer, von Knochenfunden darauf zu schließen, ob das gefundene Tier noch wild oder bereits domestiziert war. In Sibirien gibt es Orte, an denen man unglaublich viele Knochen von Pferden gefunden hat. An diesen Orten lebt eine Bevölkerung, deren Alltag sich bis heute ausschließlich auf das Pferd konzentriert.«

Der Erfolg der Pferde

Ich möchte wissen: »In welchem sozialen Verband leben Przewalskipferde? In welcher Form dürften die europäischen Wildpferde gelebt haben? Ist ein Vergleich zu rezenten afrikanischen Equiden erlaubt? Allgemein bekannt dürften die scheinbar riesigen Herden der Zebras sein, die in der Serengeti auf lange, durch die Trockenzeit bedingte Wanderschaft gehen und dramatische Flussüberquerungen vornehmen müssen. Oder muss man sich den nördlichen Wildpferden in der Vorstellung ganz anders nähern?«

»Nein, keineswegs. Die sozialen Gruppen der afrikanischen Equiden sind genauso klein wie die der asiatischen. Sie leben im gleichen Sozialsystem. Bei den Steppenzebras handelt es sich genau wie beim Przewalskipferd um sogenannte Haremsgruppen. Nur die Hengste der Wildesel

Hengstfohlen im
Hortobágy Nationalpark,
Ungarn

und Grevys besitzen eine Territoriumsstruktur, wenngleich auch in etwas unterschiedlicher Ausprägung. Die Haremsgruppen der Steppenzebras und Przewalskipferde können nicht groß sein. Ihre Hengste können nur eine bestimmte Anzahl an Stuten kontrollieren, deswegen ist die Ausbildung riesiger Gruppen unmöglich – es sei denn, es wäre wenig Konkurrenz da. Eine Situation von geringer Konkurrenz kann nur dann existieren, wenn die Futtergrundlage ganz miserabel ist. Wenn man jedoch ertragreiche Steppen von der Größe der afrikanischen für das ursprüngliche Europa annimmt, kamen darauf natürlich auch viele Weidetiere vor. Und dann dürfte die zwischenartliche genau wie auch die innerartliche Konkurrenz entsprechend groß gewesen sein.

Zwischen drei und vier Stuten hat ein Hengst im Regelfall – es kommt der entsprechende Nachwuchs aus Zweijährigen, Einjährigen und neu geborenen Fohlen hinzu, so dass eine solche Gruppe schon einmal über zehn Tiere fassen kann. Meist kann ein Hengst eine solche Gruppe nicht auf Dauer halten. Sogenannte Satellitenhengste sind ständig darum bemüht, ihm Stuten abspenstig zu machen. Steppenzebras leben im gleichen Haremssystem. Die vielen Tiere, die sich auf der Wanderung scheinbar zusammenfinden, täuschen auf den ersten Blick darüber hinweg, dass sich die großen Herden in kleine Einheiten aufteilen, wenn man genauer hinschaut. Ein Zebrahengst ist darum bemüht, einige wenige Stuten zusammenzuhalten, genau wie das ein Przewalskipferdhengst tut.«

»Waren solche ausgedehnten Wanderungen für die Wildpferde Europas auch notwendig?«, frage ich. »Eher nicht«, meint Waltraut Zimmermann. »Ich wüsste keinen Grund dafür, warum die Wildpferde hier hätten wandern müssen. Im Norden herrscht und herrschte ein ganz anderes Klima vor, die Weiden sind über das ganze Jahr grün und werden mit ausreichend Niederschlägen versorgt – auch wenn wir nicht genau wissen können, wie die Mammutsteppen ausgesehen haben. Im Winter hat eine Pferdegruppe vielleicht die Ausdehnung seiner *home-range*, seines Streifgebietes, vorgenommen, eines Gebietes, das sich amöbenförmig ausnimmt, ohne feste Grenzen, die im Gegensatz dazu ein Territorium kennzeichnen würden. Im Sommer müsste innerhalb einer solchen Grenze in jedem Fall der Zugang zu einer Wasserquelle gewährleistet sein, im Winter nicht unbedingt, solange die Tiere Schnee fressen können. Sind solche Stellen der Wasseraufnahme, zum Beispiel durch Überfrieren, zeitweise nicht zugänglich, so wäre vermutlich eine leichte Verlagerung des Streifgebietes für eine Pferdegruppe ausreichend gewesen. Pferde achten aber darauf, dieses nicht zu verlassen, denn es bietet ihnen Sicherheit. Hierbei wird das Zusammenspiel von *home-range* und Haremssystems deutlich: Die genaue Kenntnis des Gebietes erleichtert dem Hengst das Überwachen der Stuten. Er weiß, wo Gefahren sind und wo nicht, wo man sich bei Gefahr gezielt in Sicherheit bringen kann oder wo Mücken sind und man zerstochen wird und wo Zugang zum lebensnotwendigen Wasser besteht.

Nachteilig kann sich das Festhalten an einem solchen System auswirken, wenn der Mensch auftaucht und eine solche Wasserstelle besetzt, wie im Fall der Gobi. Diese jeweilige Pferdegruppe kann dann im Grunde genommen nicht ausweichen, denn im Normalfall würde sie in die *home-range* einer benachbarten Gruppe eindringen, was mit Auseinandersetzungen verbun-

Spielende Wildpferde an einem Berghang im Hustain Nationalpark, Mongolei

den wäre. Wenn wie im Fall der Gobi sogar alle Wasserstellen durch den Menschen besetzt wurden, dann besteht am Ende für die Letzten ihrer Art überhaupt keine Möglichkeit des Ausweichens mehr.

Die Wildesel, die nah mit den Pferden verwandt sind und im gleichen Gebiet leben, haben sich für ein anderes Sozialsystem entschieden. Sie besitzen keinerlei Gruppenstruktur, nur Mütter sind zeitlich beschränkt mit ihren Fohlen verbunden. Dadurch sind Esel viel unabhängiger von Wasserquellen und können in ganz verschiedenen Zusammensetzungen von einer besetzten Quelle zur nächsten freien wandern. Man kann dabei einzelne Tiere genauso ziehen sehen wie große Ansammlungen aus Hunderten von Individuen. Sie können sich diese Flexibilität leisten, weil sie viel anspruchsloser bezüglich ihrer Ernährung sind als Pferde und nicht täglich trinken müssen.«

»Steckt in dieser Verschiedenheit der einzelnen Equiden vielleicht das Geheimnis ihres Erfolges und der Grund, warum ursprünglich mehrere Arten von ihnen nebeneinander im gleichen Gebiet leben konnten?«, frage ich.

»Ja«, antwortet Waltraut Zimmermann. »Das ist ganz sicher einer der Gründe. Es gab neben dem Wildpferd sogar einen Europäischen Wildesel, der über das gesamte Mitteleuropa bis nach Ungarn verbreitet war. Weiter östlich schließt sich das Vorkommen der Asiatischen Wildesel an. Diese sind heute durch Lebensraumverlust und Bejagung ebenfalls stark bedroht. Mindestens diese drei Arten aus der Pferdeverwandtschaft haben gleichzeitig am Ende der letzten Eiszeit nebeneinander in Mitteleuropa und in Deutschland gelebt. Ungewöhnlich ist das nicht, denn diese Form von Überlappungen in der Verbreitung nah verwandter Arten kennen wir in Afrika auch: Steppenzebras und Grevyzebras kommen dort im gleichen Gebiet vor oder Grevyzebras und Wildesel an anderer Stelle.«

Faszination Wildpferd

Ich möchte erfahren, welche Bedeutung das Przewalskipferd und die Wildpferde für Waltraut Zimmermann ganz persönlich haben? Was ist das Faszinierende bezüglich ihrer Biologie, Ökologie und ihrer Charaktere?

»Das ist schwer zu sagen«, stutzt sie für einen kurzen Moment. »Erst einmal handelt es sich beim Pferd um eine charismatische Tierart. Aber was mich von Anfang an so gefesselt hat, war die Frage, wie sich das Wildpferd von den verschiedenen Hauspferderassen unterscheidet. Man wusste wenig vom Wildpferd, selbst sein äußeres Erscheinungsbild entsprach in manchen Gruppen durch Hauspferdeinkreuzung nicht mehr der Artbeschreibung von Poljakov. Die Erkenntnisse über das Sozialverhalten nahmen erst zu, als ihre Zahl in den Zoos so weit angestiegen war, dass man beginnen konnte, die ersten Gruppen in sogenannte Semireservate umzusiedeln. Hier leben die Tiere in Harems- oder Junggesellengruppen – ›halbwild‹ – in großzügig bemessenen Landschaftsgehegen. Die Gehege dienen dazu, ihre persönliche Fitness überprüfen zu können. Speziell hier gewannen wir Einblicke, die wir für unsere Auswilderungsprogramme in der Mongolei und in China brauchten. Seit den 1990er-Jahren werden Przewalskipferde in Europa zunehmend in Semireservaten beobachtet. 1992 wurden die ersten Wiedereinbürgerungsversuche in der Mongolei vorgenommen. Nur völlig gesunde Tiere kommen für eine Auswilderung in Gebiete in Frage, die schon klimatisch den Tieren alles abverlangen: Starke Hitze am Tag und extrem tiefe Temperaturen bei Nacht, Trockenheit im Sommer und Schneelage während des Winters.

Wildpferde respektive das Przewalskipferd im Besonderen sind für mich deshalb faszinierende Geschöpfe, weil sie immer noch Erstaunliches, Überraschendes und im hohen Maße Interessantes bieten. Vor allem das Semireservat ›Hortobágy‹ in Ungarn hilft uns in optimaler Weise, neue Erkenntnisse zu gewinnen. Das Gebiet namens Pentezug, in dem die Przewalskipferde weiden, ist mit 2400 Hektar das größte seiner Art in Europa. 1997 wurden die ersten Pferde nach Ungarn gebracht. Mittlerweile leben schon über 100 dort. Da das Gebiet von Deutschland aus gut zu erreichen ist, bietet es Gelegenheit, die Pferde regelmäßig durch Studenten beobachten zu lassen.«

Mich interessieren natürlich brennend die ganz großen Überraschungen, die die Beobachtungen an den Wildpferden während der letzten Jahre ans Tageslicht befördert haben.

»In den letzten Jahren hat sich herausgestellt, dass es immer wieder zu Fohlentötungen durch die Hengste kommt«, sagt Waltraut Zimmermann ein wenig fassungslos. »Und wir können uns die Ursache dafür einfach nicht erklären. Im Tierreich kommen solche Kindstötungen nicht selten vor. Bereits vorhandener, genetisch fremder Nachwuchs wird aus dem Weg geräumt, um die Mütter wieder in Paarungsstimmung zu versetzen. Dadurch wird dem eigenen Nachwuchs und damit den Genen zum Erfolg verholfen. Manche Löwenmänner tun das beispielsweise bei der Übernahme einer Löwinnengruppe, die bereits Nachwuchs hat. Das Verhalten der Löwenmänner leuchtet ein, da männliche Löwen oft nur eine kurze Zeit im Rudel verbleiben können, bevor andere sie wieder verdrängen oder gar töten. Wäre das Töten der Jungen allerdings die Regel, kämen wohl kaum noch Jungtiere auf. Bei den Pferden macht dieses Verhalten für uns bisher gar keinen Sinn. Eine Stute wird in jedem Fall fünf bis sieben Tage nach dem Abfohlen wieder rossig, egal, ob das Fohlen lebt oder nicht. Sie kann also auch von einem potentiellen neuen Hengst wieder gedeckt werden. Es ist also eigentlich überhaupt nicht verständlich, warum Fohlen getötet werden, vor allem nicht, da wir nachweisen haben können, dass Fohlen auch von den eigenen Vätern getötet worden sind. Und das macht in meinen Augen nun schon gar keinen Sinn.«

»Kam es zu diesen Fällen sowohl unter den Bedingungen der Gehegehaltung als auch unter Freilandbedingungen bei den bereits ausgebürgerten Pferden?«

»Ja«, sagt sie. »Und es kam in allen Gebieten und während aller Projekte, auch in den unterschiedlichen Zoos zu diesen Tötungen. Einige Hengste scheinen nur auf eine Gelegenheit zu warten, die Fohlen durch Kopfbisse töten zu können. Hätten sich diese Ereignisse nur auf Zootiere beschränkt, hätte man vielleicht die Gefangenschaftsbedingungen zur Verantwortung ziehen können. So aber stehen wir vor einem bis dato ungelösten Rätsel.«

Ich stelle meine obligatorische Frage, ob sich meine Interviewpartnerin vorstellen könnte, dass die Tierart, mit der sie sich hauptsächlich beschäftigt, Kultur besitzt.

Waltraut Zimmermann betont, das die Antwort auf die Frage abhängig ist von der Definition des Begriffs Kultur: »Zunächst einmal würde ich sagen, dass wir unter Kultur etwas verstehen, das eigentlich nur für den Menschen geltend ist. Natürlich weiß ich, dass es Tiere gibt, die bestimmte Dinge tun, die für die Ausbildung von Kultur sprechen. Nicht alle Verhaltensäußerungen basieren auf Instinkt. Sicher würden alle Tierarten aussterben, die nicht mit einer gewissen Flexibilität auf Umweltveränderungen reagieren können. Aber es wäre ein weiter Schritt für ein Wildpferd, von heute auf morgen gewisse Verhaltensmuster aufzugeben.«

»Gibt es das eine oder andere Pferd, das ihnen in ihrer eigenen Laufbahn begegnet ist, an das sie sich gern erinnern?«

»Allerdings«, nickt Waltraut Zimmermann und lächelt. »Da gab es ein gewisses Hengstfohlen namens ›Lando‹. Lando wurde bei uns im Kölner Zoo geboren. Wir haben ihn später in die Hengstgruppe des Semireservates ›Sprakel‹ integriert. Das Gebiet im Emsland ist mit 68 Hektar sehr groß und mit Gehölzen abwechslungsreich gestaltet, so dass es sich für die Haltung von Hengstgruppen bestens eignet. Hengste besitzen ein hohes Aggressionspotenzial und haben im Sprakeler Reservat gute Möglichkeiten, sich aus dem Wege zu gehen. Als 2005 Pferde für eine

Auswilderung in China gesucht wurden, ist Lando mitgegangen. Allerdings haben wir aufgrund der strengen Quarantänebestimmungen ihn und seinen Halbbruder ›Ammon‹ erst einmal wieder von Sprakel vorübergehend in den Kölner Zoo zurückholen müssen. Lando und Ammon waren unglaublich temperamentvoll; beide gingen trotz Beruhigungsmitteln die Wände des Quarantänestalles hoch. Dabei hatte sich Lando die Vorderbeine aufgeschrammt, so dass wir ein schlechtes Gewissen bekamen und ihn erst gar nicht mit nach China gehen lassen wollten, aus Angst, er könnte sich eine Infektion zuziehen. Doch schließlich schickten wir beide Halbbrüder auf Reisen nach Fernost. Auch im dortigen Akklimatisationsgehege führte er sich unbändig auf, wie wir es von ihm aus Deutschland bereits gewohnt waren. Nach anderthalb Jahren verließ Lando gemeinsam mit einer Stutengruppe das dortige Zuchtzentrum, um die endgültige Freiheit zurückzuerlangen. Hielten sich andere Pferde lange Zeit in der Nähe ihres Geheges auf, bevor sie abwanderten, wenn sie überhaupt abwanderten, verschwand Lando mit seinen Stuten bereits nach nur wenigen Tagen über alle Berge.

Lando ist als gebürtiger Kölner an sich ein schönes Beispiel für eine gelungene Zucht und Auswilderung. Gerade dieses Jahr (2008) wurden seine ersten Fohlen in Freiheit geboren. Lando und seine Nachkommen leben als Ergebnis einer über 100-jährigen Zuchtgeschichte wieder dort, wo ihre Vorfahren herkamen.«

Ich meine, eine winzig kleine Einschränkung aus Waltraut Zimmermanns Worten herausgehört zu haben, und frage sofort nach: »Ist es nicht wünschenswert, dass Lando ein so scheues Verhalten zeigt, als wäre er dort draußen geboren?«

»Eigentlich wünscht man es ja nicht so, weil man die Tiere in ihrer Entwicklung weiter verfolgen und begleiten möchte, um zu sehen, wie es ihnen geht. Wir wollen einerseits noch mehr über sie und von ihnen lernen. Und andererseits sind die Przewalskipferde noch lange nicht gerettet – gerade werden viele von den im Semireservat Tschernobyl eingebürgerten Tieren gewildert, weil die Menschen Hunger haben. Für genaue Erhebungen müsste man an Lando und seine Gruppe näher herankommen, doch lässt er auf weite Distanz keinen Menschen mehr an sich heran – er hat uns einfach ausgetrickst.«

Wildpferde als Landschaftspfleger

Przewalskipferde werden seit den 1990er-Jahren in Europa verstärkt in Semireservaten zur Landschaftspflege eingesetzt. In Deutschland werden außer im Semireservat und Naturschutzgebiet Sprakel mit seiner Hengstgruppe (sechs bis fünfzehn Tiere) auch im Naturschutzgebiet »Tennenloher Forst« und im UNESCO-Biosphärenreservat »Schorfheide-Chorin« Przewalskiperde in unterschiedlichen Herdenstrukturen gehalten. Der Tennenloher Forst (bei Erlangen) war Militärgebiet der Amerikaner. Es handelt sich um ein Sandbiotop mit hohem ökologischen Wert. Seit 2003 betreiben Przewalskipferde des Münchner und des Nürnberger Zoos hier Landschaftspflege. Es geht zwar immer noch primär um den Schutz der Pferde, aber sekundär werden mit ihrer Hilfe die Landschaften offen gehalten. Was denkt Waltraut Zimmermann darüber?

»Ohne große Weidegänger wie Pferd, Rind und Hirsch würden die meisten Landschaften über die normale Sukzessionsabfolge schnell verbuschen«, sagt sie. »Im Semireservat Hortobágy zum Beispiel halten Przewalskipferde gemeinsam mit einer robusten Rinderrasse die Vegetation kurz. Diese Beweidungsprojekte wirken sich spürbar positiv auf verschiedene Artengruppen wie wärmebedürftige Insekten- und bodenbrütende Vogelarten aus. Die frei gehaltenen Gewässer im Gebiet ziehen Amphibien und Wasservögel an. Die unmittelbaren Gebiete um die Wasserstellen herum verkahlen nach und nach kranzförmig, da diese von den Weidetieren am meisten frequentiert werden. Diese frei gehaltenen Bodenstrukturen werden von bestimmten Laufkäfern genutzt.«

So erfüllt die Einrichtung der Semireservate gleich mehrere Zwecke im Natur- und Artenschutz. Abschließend möchte ich wissen, wie viele Przewalskipferde es heute überhaupt wieder gibt.

»Ca. 400 Tiere leben in China und der Mongolei im Grunde wieder in freier Wildbahn. Mit Hortobágy besteht das größte Semireservat überhaupt in Ungarn. Auch im Reservat ›Askania Nova‹ in der Ukraine am Schwarzen Meer lebt eine größere Anzahl. In beiden Gebieten kommen jeweils über 100 Pferde vor. In den weiteren Gebieten Englands, Frankreichs, Deutschlands und der Niederlande lebt meist nicht mehr als eine Harems- oder Hengstgruppe, die aus etwa drei bis zehn Tieren besteht. Insgesamt sind im internationalen Zuchtbuch 1800 bis 1900 Pferde aktuell verzeichnet. Diese Zahl wird sich so schnell nicht verändern, weil es an Platz mangelt und kaum mehr Tiere irgendwo unterzubringen sind. Die Hoffnung ruht jetzt auf den Wildpopulationen. Diese sollten langsam, aber stetig anwachsen. Dieser Prozess hat eingesetzt, wenngleich auch noch in einer sehr niedrigen Quote.«

Merkmal-Katalog: Przewalskipferd
(*Equus ferus przewalskii* Poliakow, 1881)

Synonyme: Urwildpferd, Asiatisches oder Mongolisches Wildpferd (in seiner mongolischen Heimat wird es »Takhi« genannt); für Hauspferde sind viele abwertende Begriffe wie Klepper, Ross, Mähre, Zossen usw. gebräuchlich.
Assoziation: (Besonders bezüglich der Haustierform) Reiten
Systematik: Klasse: Säugetiere (*Mammalia*) – Ordnung: Unpaarhuftiere (*Perissodactyla*) – Familie: Pferde (*Equidae*). Das Przewalskipferd ist eine Unterart des Eurasischen Wildpferdes *Equus ferus* Boddaert, 1785. Ersteres ist nicht der Vorfahr des Hauspferdes (*Equus ferus f. caballus* Linné, 1758). Die Trennung beider Linien, die der Vorfahren des Przewalskipferdes und der des Hauspferdes, hat sich stammesgeschichtlich vor etwa 120.000 bis 240.000 Jahren vollzogen. Das Hauspferd ging erst nacheiszeitlich vor weniger als 10.000 Jahren als Domestikationsprodukt hervor. Przewalskipferde besitzen 66 an Stelle der 64 Chromosomen der Hauspferde. Es ist unsicher, ob *Equus ferus* nicht auch in Nordamerika bis vor 10.000 Jahren vorkam.

Verbreitung: Die genaue Verbreitung der Unterart Przewalskipferd ist nicht bis zur Gänze geklärt. Wahrscheinlich erstreckte sie sich von Kasachstan bis in die Mongolei und nach China. Die Art *Equus ferus* dagegen war früher weit über Europa und Asien (und möglicherweise über Nordamerika) verbreitet in verschiedenen Unterarten.

Lebensraumtypen: Grasland und offene Wälder

Körper: 125 bis 135 Zentimeter Schulterhöhe. Kopf-Rumpf-Länge 220 bis 280 Zentimeter. Typisch für das Przewalskipferd sind die dunkle Stehmähne und der eselartige Schwanzansatz. Gegenüber der fahlgelb-rotbraunen Grundfarbe nehmen sich der Bereich um Nüstern und Maul hell aus (»Mehlmaul«). Auch Bauch- (»Schwalbenbauch«) und Beininnenseite sind aufgehellt. Über den Rücken verläuft ein dunkler, schmaler »Aalstrich«, die Beine sind oft von einer Zebrastreifung gezeichnet. Sowohl die Haare der Mähne als auch der Schwanzrübe machen den Fellwechsel mit.

Gewicht: 200 bis 300 Kilogramm

Biologie: 11 Monate Tragzeit. Die Stillzeit beträgt etwa sechs bis neun Monate. Przewalskipferde leben in Haremsgruppen oder reinen Hengstgruppen.

Ernährung: Wildpferde ernähren sich hauptsächlich von nährstoffreichen Gräsern, Kräutern und Zweigen. Pferde besitzen keinen Pansen wie die Rinder als Wiederkäuer und entsprechend keine Pansenmikroben. Dafür haben sie einen großen Blinddarm mit entsprechenden Mikroben, die ihnen das Futter gründlich aufschließen. Pferde sind im Vergleich zu Rindern schlechtere Futterverwerter, wenn es sich um nährstoffreiches Futter handelt. Bei zellulosereichem Futter sind sie dagegen Rindern weit überlegen und kommen daher viel besser durch den Winter.

Bestand: Bestand relativ genau erfasst durch Zuchtbuchführung. Die Koordination des EEP liegt beim Zoo Köln; das internationale Zuchtbuch wird vom Prager Zoo geführt. Weltweit beläuft sich der Bestand der Przewalskipferde als einzige überlebende Wildpferdeart auf 1800 bis 1900 Tiere.

Schutzstatus: Alle Eurasischen Wildpferde-Unterarten außer dem Przewalskipferd sind heute ausgestorben; das Wildpferd wird in der Roten Liste für Deutschland in der Kategorie 0 = »ausgestorben« geführt; im Washingtoner Artenschutzabkommen (CITES) in Anhang A gelistet; durch die IUCN seit 2008 als »critically endangered« eingestuft.

Wildpferdepanorama
im Hustain Nationalpark,
Mongolei

Wisent – Wunsch nach Wildnis

 *»Altamira«, der Inbegriff der Höhlenmalerei, ist das spanische Wort für »weite Aussicht«. Neben Wildpferden und Hirschen sind dort vor allem Wisente oder Bisons abgebildet. Die Künstler und Jäger, die etwa in der Zeit vor 15.000 bis 19.000 Jahren dort lebten, blickten auf eine weite offene Landschaft hinaus, wenn sie dem Höhleneingang den Rücken zukehrten. Für den damaligen Menschen bedeutete die weite Aussicht ganz sicher den gleichen Genuss wie für den modernen Menschen. Zwar sah der Mensch damals keine Mammutherden und Wollnashörner mehr,*

doch immer noch zogen Wildpferde, Ure und Tiere aus der Wisentverwandtschaft durch weites Grasland. – Doch welche Aussichten hat der Nachfahr der Eiszeitriesen, der Wisent, in Zukunft zu erwarten?

Ein Kind macht eine Entdeckung

Der Hall klang für die Achtjährige bereits vertraut. Auf dem Anwesen des Vaters gab es wunderschöne Höhlen mit zahllosen Eingängen und Nebenhöhlen, durch die man entweder in aufrechter Haltung eintreten konnte oder bei denen man gezwungen war, sich ganz klein zu machen, um gerade noch hindurch zu passen. Viele Gänge luden zum Versteckspiel ein. Wenn sie sich Mühe gab, mit den kleinen Lackschuhen ordentlich auf den Boden zu stampfen, gab es einen Hall, der sich weit ins Innere der Höhle fortsetzte. Aber das sollte ihr Geheimnis bleiben, weil die Mutter gebot, die Schuhe zu schonen.

Das Anwesen des Vaters befand sich in Kantabrien, ganz im Norden der Iberischen Halbinsel. 1879 handelte es sich bei der Umgebung der spanischen Stadt Santillana del Mar um eine typisch ländliche Gegend, durch die Wanderhirten mit ihren Schafen zogen und in der altem Bauernhandwerk nachgegangen wurde. Die Wölfe und Geier gehörten zum gewohnten Bild. Und niemand regte sich über sie auf. Die geringen Verluste unter den Schafen waren zu verkraften. Manchmal musste auch ein unvorsichtiger Hund daran glauben, der sich zu ungünstiger Stunde abseits der letzten Ortschaft im Feld bewegte. Wölfe jagen und töten hin und wieder Hunde, wenn sie ihnen zahlenmäßig überlegen und die Hunde nicht zu groß und wehrhaft sind. Meistens handelte es sich um Dorfhunde, an denen niemand besonders hing. Den Erfolg der Wölfe verfolgten Geier, Raben und Elstern mit besonderem Interesse.

Doch als zehn Jahre zuvor ein wertvoller Jagdhund scheinbar wie vom Erdboden verschluckt wurde, begann die Suche nach ihm. Dabei stieß der zuständige Jäger auf die Höhle von Altamira. Er meldete seine Entdeckung dem Grundbesitzer Don Marcelino Sanz de Sautuola, der daraufhin mit einigen Ausgrabungen begann. Doch das, was die Höhle auszeichnete, sollte weitere zehn Jahre im Verborgenen bleiben.

In der Zwischenzeit hatte Don Marcelino Sanz de Sautuola ein kleines Töchterchen bekommen, das auf den für diese Gegend nicht gerade seltenen Namen Maria getauft worden war. Zu seinen großen Freuden gehörten für ihn die langen, ausgedehnten Spaziergänge und Ausritte über sein Anwesen, auf denen Maria ihn manchmal begleitete. Und immer wieder zog es die beiden zu den geheimnisvollen Höhlen. Auf beide, Vater und Tochter, übte besonders eine Höhle eine zauberhafte Anziehungskraft aus.

Außergewöhnliches hatte sich aber bislang nicht entdecken lassen, weder in ihrem freigelegten Eingangsbereich noch in der näheren Umgebung. Einige Knochen, die planlos auf dem Boden verteilt lagen, ließen darauf schließen, dass sich in früheren Zeiten vor dem Einsturz und der Wiederfreilegung ab und zu einmal ein wildes Tier in die Höhle verirrt und nicht wieder herausgefunden haben musste. Vielleicht war ein Tier auch absichtlich in die Höhle eingedrungen auf der Suche nach einem sicheren Unterschlupf vor einem Unwetter. Als Vater und Tochter einmal nach einer kurzen Erkundungstour durch die Höhle ans Tageslicht zurückkehrten, stand eine Hirschkuh direkt am Eingangsbereich und lugte hinein, als erwartete sie sie schon.

Das Betreten der Höhle war zu jenem Zeitpunkt gar nicht ungefährlich, denn über dem Eingangsbereich befand sich lockeres Steinmaterial, was später tatsächlich wieder zum Einsturz führen sollte. Maria war für ihre acht Jahre Lebensalter klug, hübsch – und selbstständig. Ihr Vater wusste daher, dass er sich auf sie verlassen konnte. So machte er sich auch keine Sorgen, als sie sich auf einem ihrer gemeinsamen Ausflüge wagemutig einige Schritte im Dunkeln von ihm entfernte. Selbst mit einer kleinen Öllampe ausgestattet, hatte sie für einen Moment den Ein-

Wiederkäuender Bulle

druck, es hätte sich im Schein der Lampe etwas bewegt. Sie hielt ihr Licht höher. Tatsächlich zogen dort Tiere an der Höhlendecke und an den Wänden entlang und um sie herum. Irgendjemand musste den Stein mit wundervoll anmutenden, farbigen, lebensecht wirkenden Tierfiguren bemalt haben. Die flackernde Funzel verstärkte noch die Wirkung der Lebendigkeit der Tierwesen. »Papá? – Bueyes!«, rief sie erst leise, dann noch einmal lauter: »Papá? – Bueyes!« – Oder auf Deutsch: »Papa – Ochsen!«

Mit Ochsen waren vermutlich die rotbraunen Wisentgestalten gemeint, die mit Hörnern und langen Haaren ausgestattet waren, vor allem in Kopf- und Halsbereich. Der Vater war sowohl überrascht als auch stolz auf seine Tochter, die mit ihrem Fund nichts ahnend einen Meilenstein in der Geschichte losgetreten hatte. Don Marcelino Sanz de Sautuola veröffentlichte daraufhin zahlreiche Schriften und Abhandlungen über die Höhlenmalereien von Altamira. Seiner Einschätzung nach stammten sie von steinzeitlichen Künstlern und besaßen damit ein Alter von wenigstens 15.000 Jahren. Er sollte mit seiner Meinung vollkommen richtig liegen. Doch wurde den Gemälden von Altamira die nächsten 23 Jahre lang ihre tatsächliche Bedeutung aberkannt, bis endlich weitere Steinzeitbilder in anderen Höhlen besonders Frankreichs und Spaniens auftauchten. Nun wurde deutlich, dass hoch begabte Künstler unter den steinzeitlichen Menschen lebten. Die wahre Bedeutung der prähistorischen Malereien aber bleibt bis zum heutigen Tage ungeklärt.

Haarscharf am Untergang vorbei

Die Höhlenmalereien zeigen in unnachahmlicher Weise – und sind im paläontologischen Stellenwert ebenso hoch anzusiedeln wie fossile Knochenfunde –, dass Wisente und Bisons in wahrscheinlich zwei Arten die eiszeitlichen Steppen bevölkerten. Über ihre Häufigkeit sagen die Darstellungen nichts aus. Zwar sind die Tiere in einigen der berühmtesten Höhlen oft gewählte Motive, doch sind sie darin nicht auf einem Landschaftsgemälde dargestellt, das deutlich hätte machen können, ob die Tiere in großen Gruppen lebten. Auch ein moderner Künstler weiß, dass er auf einer freien Fläche ein und dasselbe Motiv mehrfach wiederholen kann, bis sich entweder Zufriedenheit einstellt oder einfach kein Platz mehr da ist. Mehrfach hintereinander dargestellte Tiere müssen nicht zwangsläufig Mitglieder einer großen Herde sein. Dennoch existieren Darstellungen, auf denen verschiedene Individuen deutlich miteinander kommunizieren.

Das Ende der Eiszeit scheint in Eurasien nur der Wisent überstanden zu haben – egal wie viele verwandte Arten zuvor existierten. Viele Wissenschaftler nehmen gerade den Wisent als Beweis, dass der Hauptgrund des Untergangs der ehemaligen Megafauna im Klima- und Vegetationswandel zu finden ist. Sie fühlen sich in der Annahme bestätigt, dass mit dem »Grazer« Steppenbison eine Art ausstarb, die auf die eiszeitlichen Grassteppen als Lebensraum angewiesen war, während mit dem »Browser« Flachlandwisent eine Art erfolgreich die natürliche Wiederbewaldung überlebt hat, da sie sich von Blättern, Knospen, Zweigen, Holz, Rinde und Lichtungsstauden ernährt.

Die kommenden Jahrtausende überlebte der Wisent in Eurasien, obwohl er zur Jagdbeute des Menschen gehörte. Doch wurde sein Rückgang bereits ab Beginn der christlichen Zeitrechnung spürbar. In immer mehr Regionen wurde er seltener und starb aus. Schuld daran war allein der Mensch, der ihn verfolgte und tötete, ob nun aus rein sportiver Motivation heraus oder um seine Körperteile zu nutzen, nicht aber die Veränderung der Landschaft. In West- und Mitteleuropa wurden Wisente im Laufe des Mittelalters ausgerottet; am längsten hielten sie sich im Osten, bis schließlich Ende des 19. Jahrhunderts nur noch zwei Wisentpopulationen in zwei unterschiedlichen Unterarten in der Wildnis vorkamen.

Eine davon war der sogenannte Flachlandwisent (*Bison bonasus bonasus*), der im polnischen Urwald von Bialowieza überlebte; die zweite Unterart, der sogenannte Bergwisent (*Bison bonasus caucasicus*), starb 1927 aus. Seine Erbanlagen sind in einigen Mischpopulationen heute noch vor-

Junge Wisentkuh

handen. Der Steppenwisent oder -bison (*Bison priscus*), der über weite Teile Eurasiens und Nordamerikas verbreitet war und den Höhlenmalereien oft darstellen, starb bereits mit dem Ende der Eiszeit aus. Die Ursache dafür ist unbekannt. Die Ausrottung durch den Menschen könnte aber auch bereits für ihn angenommen werden.

Im Frühjahr des Jahres 1919 starben auch die letzten Flachlandwisente in Freiheit aus. 1923 wurde daraufhin die »Internationale Gesellschaft zur Erhaltung des Wisents« gegründet. Zu diesem Zeitpunkt existierten gerade noch 56 Tiere in Gefangenschaft in verschiedenen, weltweit verteilten Zoos und Wildgattern, von denen allerdings nur zwölf Tiere zur Zucht geeignet waren. Die Gesellschaft setzte sich dennoch zur Aufgabe, den Wisent über gezielte Zucht zu erhalten und eines Tages der Wildnis zurückzugeben.

Das Unternehmen gelang: 1952 wurden die ersten Wisente in den Urwald von Bialowieza entlassen, an dem Platz, an dem 33 Jahre zuvor die letzten Wisente getötet worden waren.

Zunderschwämme auf vermeintlich »totem«, aber eigentlich sehr lebendigem Buchenstamm

Kleine Freiheiten

Heute existieren wieder weit über 3000 Wisente weltweit – in Zoos, Wildgattern, aber auch in großen Landschaftsgehegen, die vergleichbar den Semireservaten für Przewalskipferde sind. Doch geht es lange schon nicht mehr um die Wisente in solchen Reservaten allein. Heute verfolgt der Mensch mehrere Ziele, die mit dem Einsatz solcher Tiere in mehr oder weniger ursprüngliche Landschaften verbunden sind.

Einmal soll natürlich die Tierart selbst erhalten werden. Die besten Möglichkeiten dazu bieten aus heutiger Sicht großzügig bemessene Landschaftsgehege. Die Tiere können sich darin einigermaßen frei bewegen und ihrer Nahrungssuche und -aufnahme selbstständig nachgehen. Die Kälber entwickeln sich in einer abwechslungsreichen Umwelt, die ihren Sinnen genügend Anreize gibt und sie vor einer Abstumpfung bewahrt. Großen Tieren wie dem Wisent kann aber auch eine weitere Bedeutung als Landschaftspfleger und -gestalter zukommen – wie wir es im Zusammenhang mit Biber, Ur, Elch und Wildpferd schon erfahren haben.

Die Bestände der Wisente sind nach wie vor stark gefährdet. Um ihre Art zu sichern, werden weitere Auswilderungsprogramme erwogen. Im Zuge neuer politischer Verhältnisse in Mitteleuropa fallen immer mehr Truppenübungsplätze (TÜP) brach. Ohne die militärischen Aktivitäten verändern sich die bisherigen Standortverhältnisse meist inner-

halb nur weniger Jahre. Arten wie Sandlaufkäfer und Ödlandschrecken, die ihre Bedürfnisse bereits in ihrem Namen tragen, sind auf die »Offenheit und Großzügigkeit« ganzer Landschaften angewiesen. Der Mensch steht hier in der Verantwortung, sofortige Ersatzaktivitäten zu schaffen, um die Standorte und die daran gebundene Artenvielfalt zu erhalten und nicht in die Verlegenheit zu geraten, den militärischen Betrieb allein der Artenvielfalt zuliebe aufrechterhalten zu müssen.

Große Pflanzenesser spielen eine wichtige Rolle in der Entwicklung und Dynamik von Ökosystemen. Wisente können durch ihre Anwesenheit und ihre Bedürfnisse einem Standort zu mehr struktureller Vielfalt verhelfen. Durch ihre Nahrungsaufnahme, durch Sandbaden und regelmäßige mechanische Beschädigung der Pflanzen können sie kleinräumig vegetationsgesellschaftliche Veränderungen in Gang bringen und auch Populationsstärken bislang bedrohter Arten positiv beeinflussen. Wisenten kommt die Rolle eines Katalysators zu, wenn sie vorne pflanzliches Material in großer Menge aufnehmen, in der Mitte verdauen und hinten in umgewandelter Form wieder fallen lassen. Eine hohe Artenzahl von Insekten, Pilzen und anderen Organismen geht mit dem Vorhandensein dieser Ausscheidungsprodukte einher. Mitteleuropa besaß ursprünglich große Pillendreherkäfer, die auf die Dungmengen großer Vegetarier angewiesen waren. Sie verschwanden zeitgleich mit dem Untergang der Megafauna. Wichtig für solche Insektenarten ist auch die hohe Präsenz der Weidegänger, da nicht alle Dunghaufen ihren oft recht speziellen Bedürfnissen entsprechen.

Wisente werden heute in verschiedenen Projekten eingesetzt – kaum ein Bundesland existiert mehr, in dem nicht Wisent, Wildpferd oder Elch die natürliche Dynamik der Ökosysteme innerhalb großzügig angelegter Landschaftsgehege unterstützen. Besonders vielversprechende Projekte wurden unter anderem in Niedersachsen begonnen. Im »Eleonorenwald« bei Cloppenburg stehen hier einer ersten kleinen Gruppe von Wisenten über 1000 Hektar zur Verfügung, zu einem großen Teil aus jungem, dichtem Nadelwald bestehend. Untersuchungen zur Veränderung des Standortes unter dem Einfluss der Wisente laufen bereits, und die ersten Kälber wurden geboren. Bis 2009 soll im nordrhein-westfälischen Rothaargebirge bis zu zwölf Wisenten die Teilfreiheit auf 4300 Hektar geschenkt werden. In Brandenburg wurde ein Projekt auf dem ehemaligen TÜP »Döberitzer Heide« initiiert. 3000 Hektar eingezäunte Fläche stehen den Tieren hier zur Verfügung. Im Zuge der Einrichtung des ersten deutschen Nationalparks wurde gleich zu Beginn der 1970er-Jahre eine attraktive Wisentanlage innerhalb der sogenannten Gehegezone geschaffen. Den Wisenten gelingt hier in vorbildlicher Weise die Offenhaltung der Landschaft. Bach- und Gebirgsstelzen sowie Hausrotschwänze siedeln hier mitten im sonst geschlossenen Wald unter dem indirekten Einfluss der Wisente.

Mit der Aufzählung einer hohen Zahl weiterer großer und kleinerer Projekte könnte problemlos an dieser Stelle fortgefahren werden, doch der Schritt zur vollkommenen Freiheit wird wohl vorerst noch als zu problematisch erachtet. Denn die räumlichen Bedürfnisse, forstwirtschaftlichen Interessen und Aktivitätsrhythmen von Mensch und Wisent sind nur schwer miteinander zu vereinbaren: Entweder sie sind einander zu gegensätzlich oder, was oft noch schwerer wiegt, einander zu ähnlich. Und dann stehen sich die Arten im Wege, und der Wisent zieht den Kürzeren. Und so bleibt er zunächst unerfüllt: des Wisents Wunsch nach Wildnis.

Merkmal-Katalog: Wisent (*Bison bonasus* Linné, 1758)

Wisentkuh im Schnee

Synonyme: Europäischer Bison

Assoziation: Werbeträger einer Marke alkoholischen Getränks

Systematik: Klasse: Säugetiere (*Mammalia*) – Ordnung: Paarhuftiere (*Artiodactyla*) – Familie: Hornträger (*Bovidae*)

Verbreitung: Die Gruppe der Wisente und Bisons kam während der letzten Eiszeit in weiten Teilen Eurasiens und Nordamerikas vor.

Lebensraumtypen: Wald- und Offenland. Zeitweilige Ausrottung im Freiland erfolgte durch menschliche Bejagung, nicht durch Lebensraumeinbuße.

Körper: Starker Geschlechtsdimorphismus: Während Kühe (♀♀) eine Widerristhöhe von etwa 160 Zentimetern erreichen, messen Stiere (♂♂) bis zu zwei Metern bei einer Kopf-Rumpf-Länge von bis zu 3,30 Metern. Der mächtige Schulterbuckel besteht aus Knochenfortsätzen und Muskeln. Im Vergleich zum verwandten nordamerikanischen Bison (»Indianerbüffel«) bleibt der Brustkorb etwas kleiner und das Hinterteil etwas größer, der breite, kurze Schädel wird im Vergleich vom Wisent höher getragen als vom Bison.

Gewicht: Stiere (♂♂) wiegen bis zu einer Tonne, Kühe (♀♀) wiegen dagegen »nur« zwischen 300 und 500 Kilogramm.

Biologie: Nach einer Tragzeit zwischen 254 und 272 Tagen werden ein bis zwei Kälber geboren. Dazu bewegt sich die werfende Kuh etwas abseits der Herde. Mütter mit ganz jungen Kälbern können sich zu einer eigenen kleinen, sehr aggressionsbereiten Gruppe innerhalb der übrigen Herde zusammenschließen. Die Brunftzeit liegt im August. In dieser Zeit können sich Wisente zu Großherden aus mehreren erwachsenen Tieren beiderlei Geschlechts zusammenfinden. Wisente leben in der übrigen Zeit in Herden von einem Stier (oder Bullen) und einer Haremsgruppe mit ihrem Nachwuchs (Kälbern). Erwachsene männliche Tiere, die keinen Harem haben, leben meist einzelgängerisch oder in lockeren Männergruppen.

Ernährung: Der Wisent nimmt als reiner Vegetarier hauptsächlich Gräser, Kräuter, Stauden, Moose und Flechten sowie verschiedene Gehölzteile wie Zweige, Knospen und Rinde zu sich. Er wird als Wiederkäuer ebenfalls über Pansenmikroben in der Aufschließung teilweise schwer verdaulicher Nahrungsteile unterstützt.

Bestand: Liegt heute weltweit wieder bei über 3000 Tieren; seit den Zuchtbemühungen der »Internationalen Gesellschaft zum Schutz des Wisents« sind viele tausend Tiere in Gefangenschaft oder unter »halbfreien« Bedingungen geboren worden.

Schutzstatus: In »Rote Liste Deutschland« als »ausgestorben« geführt; nach »Berner Konvention« in Anhang III geführt (Tierart, die zwar schutzbedürftig ist, aber in Ausnahmefällen bejagt oder genutzt werden kann); streng geschützte Art von gemeinschaftlichem Interesse nach FFH-Richtlinie (92/43/EWG), Anhang II (Gebietsschutz ihrer Lebensräume) und IV (streng zu schützende Tierart von gemeinschaftlichem Interesse); nach der IUCN seit 2003 als »stark gefährdet« eingestuft. Über die Führung des Wisents als prioritäre Art im Anhang II der FFH-Richtlinie kommt der EU eine besondere Verantwortung für den Erhalt des Wisents zu.

Uhu – Fast lautlos zurück

Ein Vogel, der seinen Namen ruft, kann recht unterschiedliche Emotionen beim Zuhörer wecken. Dabei ruft der Uhu eigentlich gar nicht seinen Namen, sondern nur, wie ihm der Schnabel gewachsen ist. Und danach hat ihn der Mensch dann benannt. Wenn früher in den stockdunklen Nächten ohne beleuchtete Städte die große Eule rief, beflügelte das die Fantasie und lebte in den Träumen fort, die wir nicht beeinflussen können. Doch lange Zeit war vom Uhu in Deutschland weder etwas zu hören noch zu sehen. Direkte Bejagung und Umweltschäden brachten ihn an den Rand der Ausrottung. In den 1970er-Jahren wurden große Auswilderungsprogramme gestartet. Die Rückkehr war jedoch mehr als nur ein leichter Federstreich.

Nord-Süd-Gefälle

Wenn zuvor Jagd und Umweltgifte die meisten Opfer unter den Uhus forderten, so machen dem Vogel heute Freizeitsportler im Süden und Südosten Deutschlands das Leben schwer. Besonders in Bayern, Baden-Württemberg und Thüringen wird sein Bruterfolg immer geringer; regional verwaisen traditionelle Reviere, so dass es hier um die Zukunft des Uhus schlecht bestellt ist.

Ganz anders sieht die Situation in Nord- und Westdeutschland aus: Hier steigen die Bestände kontinuierlich weiter an. Es hat dabei den Anschein, dass die nordwestlichen Uhubestände flexibler in ihren Ansprüchen sind: Sie brüten auf Bäumen, Jagdhochständen, Weißstorchennestern, Strommasten, in Gebäuden, Kriegsbunkern, auf dem Boden oder auf Grabstätten. Und nahezu jedes Jahr kommen weitere sonderbare Brutstandorte hinzu. Im Südosten der Bundesrepublik dagegen scheint die Art wesentlich mehr fixiert zu sein auf natürliche Felswände, Steinbrüche und Kiesgruben.

Die Störung durch die wachsende Zahl von Freizeitsportlern, die sich an allem versuchen, was über zehn Meter aus der Landschaft ragt, stellt aber nur eine Ursache für den Rückgang des Uhus dar. Die Veränderungen in der Agrarwirtschaft zugunsten von Mais-Monokulturen und das allzu schnelle Wiederaufforsten von Lichtungsbereichen im Wald wirken der Struktur- und Artenvielfalt entgegen und damit auch dem Uhu. Uhus aber bevorzugen abwechslungsreiches Gelände in einer Mischung aus höhlenreichen Wäldern und artenreichem Offenland mit vereinzelten Baum- und Strauchgruppen. Günstig können sich Gewässer im Revier auswirken, da sie Abwechslung in die Jagdgründe und auf den Speiseplan bringen. Letzterer kann vielfältig aussehen und von Ratten, Mäusen, Hasen und Vögeln bis hin zu Insekten, Reptilien und Amphibien reichen. Einzeln stehende Gehölze bieten einen hervorragenden Ansitz, von dem aus der Jagdflug gestartet wird.

In den im zunehmenden Maße verbreiteten landwirtschaftlichen Monokulturen kommen dagegen immer weniger Tierarten vor. Die moderne, intensiv betriebene Landwirtschaft fordert große, zusammenhängende Flächen, die über viele Monate des Jahres ein Einheitsbild liefern.

Mais und andere Kulturen stehen hier dicht gedrängt beisammen, hoch gewachsen und ohne nennenswerte Lücken, die dem Uhu Jagdkorridore liefern würden. Gerade einmal 40 Brutpaare gibt es von der großen Eule noch entlang von Donau und Altmühl.

Dennoch: Die Situation des Uhubestandes sah in Deutschland in den 1960er-Jahren noch wesentlich brenzliger aus. Zu der Zeit kamen etwa 50 Brutpaare in *ganz* Deutschland vor. Schuld daran war vor allem die direkte Verfolgung durch den Menschen. Der Mensch sah über Jahrhunderte hinweg im Uhu einen Jagdkonkurrenten und ernstzunehmenden Schädling der Tierarten, die er selbst gern jagt. Darum wurden die Eulen geschossen und vergiftet, viele wurden ausgestopft und übers Sofa gehängt – gleich neben den Bildern von röhrendem Hirsch und balzendem Auerhahn. Oder sie wurden ausgehorstet, um mit ihnen die sogenannte »Hüttenjagd« zu betreiben. Dabei wurden die Eulen auf freistehenden Pfosten angepflockt. Die Vogelarten, die auf die wehrlose Eule »hassen«, also Scheinangriffe fliegen, waren dann leichte Jagdzielscheibe für den Jäger aus einem Unterstand heraus, der diese Vorgehensweise als »Niederwildhege« verstand. Ursprünglich in allen deutschen Landschaften heimisch, verschwand der Uhu zwischenzeitlich aus Hessen, Rheinland-Pfalz, Nordrhein-Westfalen und Schleswig-Holstein.

Bereits zwischen 1910 und 1937 hatte man versucht, durch das Aussetzen von etwa 60 Uhus in Gebieten mit schwachem Uhubestand diesen zu stärken. Alle Versuche schlugen fehl. Erst später kam man darauf, dass den Handzöglingen die Jagderfahrung fehlte. In den 1970er-Jahren begannen Aufzucht- und Auswilderungsprogramme für den Uhu in größerem Maßstab. Man hatte erkannt, dass ein Wiedereinbürgerungsgebiet auf gar keinen Fall isoliert von noch frei lebenden Beständen liegen durfte. Zum einen versuchte man in Horsten, in denen nur ein oder zwei Junge saßen, weitere unterzubringen. Zum andern wurde der Versuch unternommen, Junguhus in Volieren aufzuziehen und auszusetzen. Bei der letzteren Variante kam es darauf an, die Junguhus an das Schlagen von Lebendbeute zu gewöhnen. Zwar verfügen die Tiere über ein angeborenes Verhaltensrepertoire, das die Jagdbereitschaft beinhaltet, doch die Technik, Beute aus dem Flug erfolgreich zu überrumpeln, muss erlernt und verfeinert werden.

Uhu in Seitenansicht

Uhunachwuchs im
Storchennest

Uhus wurden als potentielle Partner dort ausgewildert, wo noch Einzel-
vögel vorhanden oder neu aufgetaucht waren. Erwachsene Paare wurden
eine Zeit lang in Freilandvolieren in Gebieten eingewöhnt, in denen keine
Uhus mehr vorhanden waren. Zoos, Wildgehege und Naturschutzverbän-
de beteiligten sich an dem groß angelegten Projekt. So wurden im Laufe von
20 Jahren, von 1974 bis 1994, ca. 3000 Vögel sehr erfolgreich ausgewildert.

Dadurch, dass Junguhus von Natur aus in einem weiträumigen Wander-
radius neue Lebensräume auf Eignung und potentielle Partner überprüfen,
tauchten sie in Gebieten auf, die weitab von den ursprünglichen Auswil-
derungsorten lagen. In Westdeutschland fanden sich bald besonders in den
zur Renaturierung freigegebenen Kiesabbaugebieten Uhus ein. In Norddeutschland jedoch nahm mit dem wachsenden Bestand die Kuriosität sowohl der zeitweiligen Aufenthaltsorte von unverpaarten Vögeln als auch
der dauerhaften Brutstandorte zu. Über Jahre hinweg quartierten sich einzelne Uhus in die
mächtigen Betonwerke ehemaliger Kriegsbunker ein. Sie lebten hier vor allem von der Jagd auf
Wanderratten und Haustauben. In den Wintern häuften sich die Beobachtungen von Uhus, die
in den Siedlungsbereichen von Großstädten auftauchten und hier tagsüber aufgeplustert auf
den Fensterbänken von Mehrfamilienhäusern saßen.

Weitere ungewöhnliche Brutstandorte

Der Storchenvater Andreas Hack aus Schleswig-Holstein wunderte sich 2008 über das Ausbleiben von Störchen auf einem sonst regelmäßig angenommenen Horst, der auf einem hohen
Mast angebracht ist. Bis dann eines Abends die Ursache dafür über den Nestrand schaute: Auch
hier hatte sich ein Uhupaar angesiedelt und zog erfolgreich seine Jungen groß.

Gleich zwei Jahre hintereinander brütete ein Uhupaar auf dem Ohlsdorfer Friedhof in
Hamburg. Hierfür hatte es sich auf einem Grabmal häuslich niedergelassen. Monika Kirk von
der Arbeitsgemeinschaft Eulenschutz erzählt mir: »Im Sommer 2005 machte ich einen ganz
gewöhnlichen Spaziergang. Der weltgrößte Parkfriedhof ist so schön angelegt, dass er viele
Hamburger dazu einlädt, regelmäßig ausgedehnte Spaziergänge zu unternehmen. Neben einer
eindrucksvollen Pflanzenwelt kann man auch immer wieder überraschende Begegnungen mit
Wildtieren erleben. Unter anderem brüten hier Eisvögel und Waldohreulen.

Auf diesem Spaziergang traf ich per Zufall auf einige Spaziergänger, die mir aufgeregt von
einem brütenden Uhu auf einem großen Familiengrabmal berichteten. Ich wollte den Spazier-
gängern erst keinen Glauben schenken. Doch dann zeigten sie mir aus der Ferne diese Grabstätte, und tatsächlich ließ sich ein Uhu darauf erkennen. Ich besuchte dann einige Male die Uhus
während der Brutsaison, um aus großer Entfernung mit einem leistungsstarken Teleobjektiv
Fotos zu machen«, erzählt die Redakteurin der Eulenbroschüre der AG Eulenschutz »Kauzbrief«.
»Dabei musste ich leider feststellen, dass nicht alle Spaziergänger einen so respektvollen Umgang mit dem Wildvogel zeigten wie die, die mich auf den Uhu aufmerksam gemacht hatten.«

Kopfschüttelnd berichtet Monika Kirk, wie einige Friedhofsbesucher die Geduld der brütenden Uhufrau austesteten. »Diese Menschen gingen ganz dicht heran und amüsierten sich darüber, dass der Uhu aufgeplustert eine Drohhaltung annahm und wieder in sich zusammenfiel,
sobald sie sich entfernten. Darauf angesprochen, sie möchten doch bitte den Tieren gegenüber
respektvoll auftreten, zeigten diese dann oft kein Verständnis. Der Uhu selbst allerdings reagier-
te auf die menschlichen Annäherungen mit relativer Gelassenheit und verhielt sich den Menschen gegenüber wenig scheu. Vermutlich handelte es sich um eine Handaufzucht. Zwei Jahre

lang zog das Uhupaar erfolgreich seine Jungen auf der Grabstätte auf, bis Eulenschützer ihm ein Angebot in Form einer Nistplattform in einem hohen Baum unterbreiteten, das es nicht abschlagen konnte.«

Motivation für Eulenschutz und Eulen als Fotomotiv

Ich frage Monika Kirk, wie sie zum Eulenschutz gekommen ist und was sie gerade an diesen Tieren so fasziniert.

»Ich bin als Naturfotografin grundsätzlich an den verschiedensten Motiven interessiert und dabei viel unterwegs gewesen. Als ich auf die Eulen stieß, begann ich, mich mit ihrem Verhalten und ihren Fähigkeiten zu beschäftigen. Seitdem ich erfahren habe, um welch interessante Tiergruppe es sich handelt, engagiere ich mich für den Eulenschutz.

Eine besondere fototechnische Herausforderung ist natürlich die Fotografie in der freien Wildbahn. Und dabei stellen Eulen, ob nun der große Uhu, die Waldohreule oder der kleine Steinkauz, ein besonders reizvolles Motiv dar. Mich beeindrucken dabei ihre scharfen Sinne, ih-

Brütender Uhu auf Grabstätte

Junguhus im Training

Begriff: Eulen (*Strigidae*)

Eulen gehören einer stammesgeschichtlich besonders alten Vogelgruppe an. Fossile Funde weisen ein Alter von über 40 Millionen Jahren auf. Früher wurden Eulen oft fälschlicherweise als »Nachtgreifvögel« bezeichnet, doch mit den Greifvögeln sind sie nicht näher verwandt. Zehn Eulenarten leben als Brutvögel in Deutschland. Zu den bekanntesten gehören neben dem Uhu unter anderem der Waldkauz, der Steinkauz und die Schleiereule. 230 Arten kommen weltweit vor. Sie bewohnen dabei nahezu alle Lebensräume. Es gibt unter ihnen die unterschiedlichsten Spezialisten in Lebensweise und Nahrungsaufnahme, so etwa Arten, die bevorzugt in Präriehundbauten leben oder sich vom Fischfang ernähren.

Zu den herausragenden Eigenschaften der Eulen im Allgemeinen gehören die Drehbarkeit des Halses um bis zu 270 Grad horizontal bei einer zusätzlichen Kopfneigung um 180 Grad sowie die spezielle Federbeschaffenheit: Die vorderen Flügelfedern besitzen an der Vorderseite eine Zähnelung, die Luftverwirbelungen verhindert, die den Flügel in Schwingungen versetzen und dadurch Geräusche verursachen könnten; die Rückseite der Federn ist ausgefranst. Das Zusammenspiel ermöglicht einen lautlosen Flug. Der Vorteil für die Eule ist, dass sie auch im Flug ihre Beute gut hören kann, während diese nicht gewarnt wird.

Eulen besitzen keine Ohrmuscheln; diese werden ersetzt durch den »Gesichtsschleier« mit besonders dichter Federstruktur. Der Schall kann über ihn direkt an die zumeist asymmetrisch sitzenden Ohren geleitet werden. So kann unter Zusatz von Pendelbewegungen von Hals und Kopf ein mögliches Beutetier genau lokalisiert werden.

Unverdauliche Nahrungsreste werden als Speiballen, sogenannte »Gewölle«, über den Schlund sechs bis zwölf Stunden nach der Mahlzeit wieder ausgeschieden.

re Eleganz und ihr nach vorne gerichteter Blick. Wenn man dann auch noch einmal einem Uhu direkt ins Auge geblickt hat, so ist dieses Erlebnis so unglaublich, dass man es nicht mehr so leicht vergisst. Den Uhu auf dem Friedhof beobachten zu können, zählte für mich zu den ganz großen Erlebnissen der Naturfotografie. Für mich macht es einen erheblichen Unterschied, ob ich eine Eule in Gefangenschaft fotografiere oder in der freien Wildbahn. Tatsächlich soll es Menschen gegeben haben, die auf dem Friedhof versucht haben sollen, die Uhus anzufüttern, nur um an einen guten Schnappschuss zu gelangen. Diese Form der Manipulation lehne ich aus Sicht des Tierschutzes ab.«

»Ist der Uhu Ihr Favorit unter den Eulen?«, frage ich neugierig. »Gewissermaßen schon – er hat die schönsten Augen von allen Eulen«, sagt Monika Kirk. »Allein seine Größe ist schon beeindruckend. Obwohl ich die Waldohreule auch sehr gern mag.«

»Wie viele Eulenarten leben denn in Deutschland?«, interessiere ich mich. »Es sind zehn Arten«, sagt sie. »Davon ist der Uhu die größte, der starengroße Sperlingskauz mit einer Körperlänge von gerade einmal 16,5 Zentimetern die kleinste. Nicht alle Arten sind auch nacht- und dämmerungsaktiv. Gerade der Sperlingskauz ist zum Beispiel tagaktiv. Ihre unterschiedlichen Aktivitätszeiten helfen ihnen wahrscheinlich, sich aus dem Weg zu gehen, obwohl mehrere Arten den gleichen Lebensraum bewohnen. Denn kleinere Eulenarten gehören durchaus ins Beutespektrum größerer. Der Uhu erweist sich auch im Aktivitätsrhythmus als besonders flexibel, denn er kann sowohl nachts und in der Dämmerung als auch tagsüber jagen. Alle Arten sind geschützt und in ihrem Bestand bedroht. Und auch der Uhu ist noch lange nicht über den Berg, wie man am Beispiel in Süd- und Südostdeutschland sieht, obwohl es heute wieder über 1000 Brutpaare in ganz Deutschland gibt.«

»Worin bestehen heute die größten Gefahren für den Uhu?«, will ich abschließend von Monika Kirk wissen.

»Vom Straßen- und Bahnverkehr geht wohl die größte Gefahr aus. Uhus können aber auch

mit Windkrafträdern und Strommasten kollidieren, da sie oftmals die sich nur relativ langsam drehenden Windkrafträder nicht als Gefahrenherd erkennen. Außerdem setzen einigen Eulenarten die Sanierungsarbeiten von Kirchtürmen, Schlössern und Scheunen zu. Dabei können Einfluglöcher verschlossen werden. Dem kann aber mit geeigneten Hilfsmaßnahmen entgegengewirkt werden. Entscheidend ist natürlich der Erhalt für Eulen geeigneter Landschaften und Lebensräume. Wichtig wäre es aber vor allem auch, auf Gifte in der Landwirtschaft zu verzichten. Im eigenen Garten kann bereits durch diesen Verzicht mit dem Eulenschutz begonnen werden.«

Junguhus auf dem Friedhofsgelände

Merkmal-Katalog Uhu (*Bubo bubo* Linné, 1758)

Synonyme: Schuhu, Eule, Kauz

Assoziation: Nachtaktivität; Federohren; große orangerote Augen; Beweglichkeit des Halses; Rufe. Bei dem deutschen Namen »Uhu« und dem zoologischen Namen »Bubo« handelt es sich um eine reine Klanglautableitung. Eulen werden oft in Wappen von Städten, Familien etc. geführt. Sprichworte sind: »Es hieße, Eulen nach Athen tragen« (gemeint waren allerdings die Münzen, die damals »Eulen« hießen und bei denen es für überflüssig gehalten wurden, sie ins reiche Athen zu tragen); »Was dem einen seine Eule, ist dem anderen seine Nachtigall« und viele andere mehr. In der Symbolik sind Uhu und verwandte Eulen sehr unterschiedlich belegt: vom Vogel der Finsternis, des Teufels, des Todes und der schwarzen Magie bis hin zum Glücksvogel und Symbol der Weisheit reichend. Gerade der Aberglaube und die Überzeugung von seiner Schädlichkeit (als modernere Form des Aberglaubens) brachte den Uhu an den Rand der Ausrottung.

Systematik: Klasse: Vögel (*Aves*) – Ordnung: Eulenvögel (*Strigiformes*) – Familie: Eulen (*Strigidae*)

Verbreitung: Ganz Europa mit Ausnahme des äußersten Nordens, außerdem weite Strecken Asiens sowie ein Teil Nordafrikas.

Lebensraumtypen: Der Uhu liebt abwechslungsreiche Landschaften, durchsetzt mit Gehölzgruppen, alten Waldungen, Wiesen und Gewässern.

Uhuportrait

Körper: Mit 60 bis 75 Zentimetern Länge die größte Eule der Welt. Auffällig kräftiger Vogel, bei dem der ♂ etwas kleiner ist als die ♀. Der Uhu besitzt ein großes, orangerotes, nach vorne gerichtetes Augenpaar und sogenannte »Federohren«, deren genaue Funktionalität unbekannt ist. Das sehr gute Gehör verdankt die Eule aber hauptsächlich ihrem »Gesichtsschleier« und den in unterschiedlicher Höhe angeordneten tatsächlichen Gehörgängen. Der Uhu besitzt sehr kräftige Füße mit langen, scharfen Krallen, mit denen er seine Beute tötet und festhält, sowie einen hakenartigen Krummschnabel, der sich zum Rupfen der Beute bestens eignet. Die Gefiederfarbe ist in braunen, schwarzen und rostfarbenen Tönen gehalten. Der Hals zeichnet sich durch eine hohe Beweglichkeit aus und lässt sich aufgrund sehr dehnbarer Muskeln und Sehnen bis zu 270 Grad drehen. Die großen Augen sitzen starr in ihren Augenhöhlen, doch die Beweglichkeit des Halses ermöglicht dem Vogel dennoch eine Rundumsicht.

Gewicht: 1,5 bis 3 Kilogramm

Biologie / Brutzeit: In Deutschland ist der Uhu Standvogel – das bedeutet, er bleibt das ganze Jahr über im Brutgebiet im Gegensatz zu den Zugvögeln. Er brütet zwar nur einmal im Jahr, kann jedoch bei Verlust des Geleges oder der Jungvögel noch spät im Jahr ein zweites nachlegen. Gewöhnlich wird ab Mitte Februar mit der Eiablage begonnen. Im Abstand von zwei bis vier Tagen werden insgesamt zwei bis vier weiße, rauschalige, rundliche, sechs mal fünf Zentimeter große Eier gelegt. Die Wahl des Brutplatzes kann sehr unterschiedlich ausfallen. Grundsätzlich wird kein Nistmaterial zur Unterlage verwendet. Es werden fremde Nester wie die von Habicht und Rabe benutzt. Außerdem wird in Felsnischen, in geräumigen Baumhöhlen oder auf dem Boden gebrütet. Die ♀ brütet allein, wird aber währenddessen vom ♂ gefüttert. Es ist vorstellbar, dass die Größe der ♀ damit zusammenhängt, dass sie zum einen mehr Eier unter ihre Fittiche nehmen und zum anderen das Gelege besser verteidigen kann, besonders bei Bodenbruten. Die ♀ besitzt auch die größeren Fettreserven, um die lange Brutdauer zu überstehen. Bodenbruten sind die Regel in den asiatischen Steppengebieten. Die Brut dauert etwa 35 Tage. Noch einmal so lange sitzen die Küken im Nest. Mit neun Wochen werden die Jungen flügge.

Ernährung: Ausschließlich karnivor (fleischessend). Der Speiseplan des Uhus ist sehr vielfältig. Geschlagen werden hauptsächlich Säugetiere (Nagetiere, Igel, kleinere Prädatoren bis Jungfuchsgröße) und Vögel (Tauben, Greifvögel, Singvögel bis Krähengröße, Wasservögel bis Stockentengröße).

Bestand: Deutschlandweit im Jahr 2005 auf 1400 bis 1500 Brutpaare geschätzt. Europaweit wird die Brutpaarzahl sehr ungenau mit 19.000 bis 38.000 angenommen.

Schutzstatus: In Deutschland in Kategorie »ungefährdet« in der »Roten Liste Brutvögel« geführt; zuvor als »gefährdet«; europa- und weltweit ebenfalls als »ungefährdet« geführt; »streng geschützte Art« nach »Berner Konvention« in Anhang II; nicht geführt nach der »Bundesartenschutzverordnung« vom 16.2.2005; in der EU-VSR als Anhang I (wertgebende, artenschutzrechtlich relevante Arten von gemeinschaftlichem Interesse) geführt.

Luchs – Ganz (Pinsel-)Ohr

Der Harz, nördlichstes Mittelgebirge, ehemaliges Grenz-gebirge, mit einer Flächenausdehnung von etwa 2500 Qua-dratkilometern und seiner allseits bekannten höchsten Er-hebung von 1142 Metern Höhe, dem »Brocken«, hat eine neue Attraktion: In seinen waldigen Schluchten ist der Luchs zurück. Nachdem am 17. März 1818 der vorerst letzte Luchs im Harz geschossen wurde, begann für die große Katze mit dem Jahr 2000 eine neue Zeitrechnung.

Halt! Hier Grenze

Der Harz gehört zu den Lieblingszielen deutscher Urlauber. Seine geologische Geschichte ist spannend und 400 Millionen Jahre alt. Seine höchste Erhebung, der Brocken, ist weit über die Landesgrenzen hinaus bekannt. Vulkanische Vorgänge, ozeanische Ablagerungsprozesse, Spannungen in der Erdkruste, Abtragungen, Verwerfungen, Bewegungen sowie Einschnitte durch eiszeitliche Flüsse führten allmählich zum äußeren, abwechslungsreichen Erscheinungsbild des Harzes, wie wir ihn heute kennen. Geologen und Bergbau entwickelten früh Interesse an seinem Innenleben, an seinen Mineralien, Erzen und Steinkohlevorkommen. Für Jäger und Waldbauern war der Harz von jeher eine besondere Herausforderung.

Vom Norden her kommend und die A395 hinunter fahrend, wird für mich ab Ausfahrt »Flöthen« der Brocken sichtbar. Hinter mir liegt die Börde-Landschaft, in der manchmal ein Luchs streift. Vor mir liegt der Harz, der die derzeitige Hochburg der Luchse in Deutschland bildet. Mehrere bewaldete Horizonte schichten sich vor mir auf wie Scheiben eines riesigen Brotlaibes. Dazwischen liegen tiefe Schluchten naturnaher Wälder. Die Luchse, die hier wieder leben, sind nicht selbstständig eingewandert, wie beispielsweise die Wölfe in der Lausitz es taten, sondern gehören zu einem groß angelegten Auswilderungsprogramm.

Ich bin in den Harz gefahren, um mich mit dem Koordinator des hiesigen Luchsprojektes, Ole Anders, zu treffen. Wir treffen uns im Nationalparkhaus in St. Andreasberg und fahren anschließend gemeinsam im Jeep hinauf zum Luchsschaugehege an der »Rabenklippe«. Ole wählt den Weg über die Eckertalsperre. An den gewaltige Wassermassen haltenden Talsperren wie Oder- und Eckertalsperre ist besonders deutlich zu sehen, dass auch der Mensch das Bild des Harzes prägte.

Ein markantes Beispiel deutsch-deutscher Geschichte bietet die Eckertalsperre mit ihren 13 Millionen Kubikmetern Wasser, ihrer 235 Meter langen und 60 Meter hohen Staumauer. 1943 fertig gestellt, verlief später die innerdeutsche Grenze quer über den See und ein Stück Grenzmauer stand oben auf der Staumauer. Trotz scharfer Bewachung gelangen einige Fluchtversuche aus der damaligen DDR in den Westen. Heute erinnern eine Informationstafel sowie ein Pfahl, der aus der Brüstung ragt und in den deutschen Farben gehalten ist, an die Vergangenheit. So geriet die Talsperre als menschliches Bauwerk zur Zeitzeugin.

Luchse auf Wanderschaft

Für die heutigen Luchse im Gebiet gibt es solche Grenzen nicht mehr. Wir lassen das Stauwerk rechter Hand liegen und fahren den restlichen Weg in der Nachmittagssonne hinauf zum Gehegekomplex. »Ist der Harz für den Luchs optimaler Lebensraum oder bloß Rückzugsgebiet?«, will ich als Erstes wissen.

Da schüttelt der Fachmann den Kopf: »Weder noch. Wir sind hier im Grunde genommen auf der Fläche, auf der die Tiere ausgewildert worden sind. Der Luchs kommt zwar in Deutschland noch in wenigen anderen Gebieten vor, wobei man von einer Population eigentlich nur im bayerisch-böhmischen Grenzgebiet sprechen kann. Daneben gibt es einige kleinere Vorkommen, zum Beispiel in Schwarzwald und Pfälzerwald. Einzeltiere werden auch immer wieder in Hessen, Nordrhein-Westfalen und im gesamten deutsch-tschechischen Grenzbogen festgestellt.

Mit der Etablierung des Luchsprojektes hier im Harz hieß es, eine komplett neue und zunächst vollkommen unabhängige Population aufzubauen. Allerdings soll diese Population letztlich Quellpopulation sein für Abwanderer, die dann den Anschluss irgendwann herstellen, herstellen sollen, aber auch herstellen müssen. Denn eine so große und mobile Art wie der Luchs braucht einfach sehr viel Lebensraum, und da ist der Harz trotz seiner Fläche mit dem größten verbliebenen zusammenhängenden Waldgebiet Deutschlands dennoch nicht genug.

Vielleicht 40 territoriale Tiere sind bei Hochrechnung anhand anderer vergleichbarer Gebiete für den Harz irgendwann einmal zu erwarten«, schätzt Ole Anders. »60, wenn man die später abwandernden Jungtiere – ›Floater‹ genannt – mitrechnet, die bis zur Geschlechtsreife in den Territorien der erwachsenen Tiere noch geduldet werden. Aber das reicht nicht zum Erhalt einer gesunden Population aus. Mittelfristig vielleicht, aber für den Fortbestand der Art muss es darum gehen, dass die Tiere abwandern können, was sie auch tun. Wir haben zunehmend

Winteridylle im Harz

Bestätigungen aus Gebieten außerhalb des Harzes. Bis zu 40 Kilometer außerhalb gibt es im Moment schon sichere Einzelbeobachtungen, so dass ich dem Luchs in der Zukunft gute Chancen einräume.

Es gibt zwar Richtungen, in der die Ausbreitung unwahrscheinlicher ist als in andere, weil sich zum Beispiel im Norden des Harzes eine weitgehend baumlose Agrarlandschaft anschließt. Jedoch haben wir auch in nordwestlicher, südlicher und vor allem westlicher Richtung durchaus Landstriche, die recht gut bewaldet sind. Inzwischen gibt es Hinweise, dass Luchse die A7, die in nordsüdlicher Richtung verläuft, überquert haben müssen, da sie in Solling und Reinhardswald aufgetaucht sind.«

»Hat der Luchs Wald überhaupt nötig?«, schiebe ich als Frage ein. »Na ja, der Luchs setzt als Pirschjäger auf den Überraschungseffekt. Um ein Reh zu überraschen – Rehe machen in der Regel über 50 Prozent seiner Nahrungstiere aus – benötigt ein Luchs eben Deckung. Die Deckung des Waldes kommt natürlich auch seinem eigenen Sicherheitsbedürfnis entgegen. In der Schweiz verließen die wissenschaftlich überwachten Luchse nur sehr selten den Wald, um offene Felder zu überqueren. In ursprünglichen Gebieten, in denen auch der Wolf lebt, könnten Bäume für den Luchs hin und wieder eine Lebensnotwendigkeit darstellen, um diesem Konkurrenten aus dem Weg zu gehen. Um die Jungtiere zur Welt zu bringen, kommt der Vegetation ebenfalls eine wichtige Schutzfunktion zu.«

Ole und die Luchse

Unser Jeep erreicht den Bereich der Schaugehege auf 555 Metern Höhe ü. NN. Der Bereich ist für die Öffentlichkeit frei zugänglich. Aufgrund der starken Nachfrage wird nun zweimal in der Woche öffentlich gefüttert. Mittwochs und samstags werden die insgesamt vier Luchse, auf zwei Gehege verteilt, um 15:20 Uhr vor bis zu 250 Besuchern gefüttert. Dazu hält der Nationalparkmitarbeiter Ralf Vojtisek kurze Vorträge und steht anschließend dem Publikum Rede und Antwort.

Wir springen aus dem Wagen und steigen den Weg oberhalb der Gehege hinauf. »Was macht eigentlich ein Koordinator des Luchsprojektes Harz?«, frage ich.

»Koordinator eines solchen Projektes zu sein bedeutet in erster Linie, mit Menschen zu tun zu haben«, antwortet Ole. »Auch wenn es natürlich vom Jahr 2000 bis 2006 darum ging, Luchse in verschiedenen Wildparks auszuwählen, von denen man meinte, diese könnten eine Chance haben, in Freiheit zu überleben. Vor allem wurden solche Tiere ausgewählt, die sich dem Menschen gegenüber scheu zeigten. Der Luchs, der einmal ausgesetzt ist, muss dann letztlich allein zurechtkommen ab dem Moment, in dem für ihn die Tür aufgeht, egal wie gut alle Vorbereitungen für ihn getroffen wurden.

Da das Luchsprojekt Harz gleich von mehreren Institutionen getragen wird, gilt es, wichtige Entscheidungen zwischen den Vertretern des Niedersächsischen Landwirtschafts-, des Umweltministeriums und der Landesjägerschaft sowie mit allen anderen Projektpartnern in Sachsen-Anhalt, Thüringen und Niedersachsen abzustimmen. Schließlich liegt der Harz im Dreiländereck. Natürlich geht es aber auch an jedem einzelnen Tag immer wieder darum, Verbände und Einzelpersonen an einen Tisch zu bekommen und um Akzeptanz für den Luchs zu werben.«

»Gestaltet sich die Arbeit eher abwechslungsreich oder unterliegt sie einem festen Rhythmus?«, frage ich. »Sie ist eindeutig sehr abwechslungsreich«, sagt Ole mit einem Strahlen auf seinem Gesicht. »Ich glaube, eine Arbeit mit der Stechuhr, geregelte Zeiten einhalten zu müssen, wäre nichts für mich. Sich um den Luchs zu kümmern, bedeutet eine Abwechslung zwischen kurzen und langen Arbeitstagen und -nächten erleben zu dürfen.«

Begriffe: Saurer Regen und die Akzeptanz des Borkenkäfers aus ethischen Gründen

Unter dem Begriff **»saurer Regen«** versteht man den Niederschlag, dessen pH-Wert unterhalb des pH-Wertes liegt, der sich im reinen Wasser unter dem Einfluss des natürlichen Kohlendioxid-Gehaltes der Atmosphäre einstellt. Der niedrige pH-Wert schädigt das Wurzelwachstum der Bäume nachhaltig. Der Begriff kam vor allem Ende der 1970er-/Anfang der 1980er-Jahre auf. Der pH-Wert (*pondus hydrogenii* = Wasserstoffgewicht) bezeichnet den Säuregrad einer Lösung.

Der **Fichtenborkenkäfer** (*Ips typographus*) wird wegen seines schönen Fraßbildes auch Buchdrucker genannt. Er kann trotz seiner bescheidenen 4 bis 5,5 Millimeter zu großer Wirkung und forstwirtschaftlicher Bedeutung gelangen. Er fliegt im Regelfall kränkelnde, in ihrem Wasserhaushalt gestörte Fichten an, bei Massenauftreten auch gesunde Bäume. Die Käfer stören die Leitungsbahnen der Bäume und schleppen zusätzlich schädigende Pilze in die Bohrlöcher ein.

Saurer Regen und die Akzeptanz des Borkenkäfers aus ethischen Gründen sind zwei Themen, die auf den ersten Blick nicht zusammenzupassen scheinen – doch haben sie unmittelbar miteinander zu tun. Dort, wo Fichten standortfremd sind und in ihren durch den Menschen geförderten Monokulturen auf suboptimalen Standorten zusätzlich durch negative Umwelteinflüsse geschädigt werden, bieten diese den Borkenkäfern die Grundlage zur Massenvermehrung. Hunderte von Brutplätzen pro Quadratmeter Rinde sind dann keine Seltenheit. Im Zuge der Einteilung in »schädlich« und »nützlich« wird der Borkenkäfer aus menschlicher Sicht zur ersten Kategorie gezählt. Doch gerade die von menschlichem Einfluss befreiten Nationalparks können dazu dienen, wertfrei die Daseinsberechtigung jeder Kreatur, also auch die des Borkenkäfers, aus ethischen Gründen zu vermitteln. Die Massenvermehrung des Borkenkäfers an solchen Standorten ist aber nur der Hinweis darauf, dass die Fichte dort fehl am Platze ist.

Dr. Hans-Ulrich Kison, stellvertretender Leiter des Nationalparks Harz und Leiter des Fachbereichs II in der Nationalparkverwaltung (Naturschutz und Forschung), zum Borkenkäfer: »Der saure Regen ist heute nicht mehr wie noch im vorigen Jahrhundert der bestimmende Faktor für das sogenannte ›Waldsterben‹. Die Schwefeldioxidemmissionen haben stark nachgelassen. Heute ergibt sich aus dem Zusammenkommen ökologisch instabiler Monokulturen mit einschneidenden Trockenereignissen (Sommer 2003, 2006, Frühjahr 2007) der Hauptgrund für die Schwächung der Fichte. Windwürfe bringen Initiale, die ›Brutstätten‹ des Borkenkäfers sind. Die geschwächten Fichtenkulturen sind seine Nahrung ›auf dem silbernen Tablett‹ – er nimmt sie dankend an. Gesunde Bäume, die nicht subvital oder sogar sublethal sind, können dem Borkenkäfer noch Einiges entgegensetzen. In den Hochlagen des Harzes, wo die Fichte natürlich vorkommt, sind die Ereignisse lange nicht so dramatisch.«

»Also ein ›Traumjob‹?«, frage ich. »Im wahrsten Sinne des Wortes. Allerdings kann auch ein Traum mal zu einem Albtraum werden. Es gibt durchaus Momente, in denen ich abends mit den Luchsen vor Augen einschlafe, morgens mit den Luchsen vor Augen wieder aufwache und dazwischen auch nur die Bilder von Luchsen gesehen habe. Da fehlt dann schon einmal der Ausgleich … aber ansonsten ist es ein absolutes Privileg, gerade mit diesen Tieren in dieser Umgebung arbeiten zu dürfen. Das muss man sich immer wieder klarmachen.«

»Was macht den Reiz am Luchs für dich aus?«, möchte ich wissen. »Sein faszinierendes Aussehen, seine weiten, offenen, großen Augen«, bekomme ich als deutliche Antwort zu hören. »Alles am Luchs ist typisch Katze. Eigentlich ein Leichtpaket, überrascht seine enorme Kraft und Aktivitätsleistung, sich explosionsartig zu bewegen. Der Luchs ist ein Jäger. Ich bin selber Jäger, und eine Art, die dieselben Ressourcen nutzt, ist sicher auch aus dem Grunde für mich faszinierend. Damit sorgt der Luchs natürlich auch für Kontroversen, was meinen Job wiederum so spannend macht. Man bekommt schnell mit Menschen zu tun, führt sowohl positive als auch negative Diskussionen. Man lernt dabei selber von jetzt auf gleich zu reagieren – genau wie ein Luchs das auch zum Überleben braucht«, sagt Ole augenzwinkernd.

»Am Anfang ist man noch jeder Spur und jeder Meldung nachgerannt. Viele Jäger, Forstleute oder auch Wanderer sahen ihre *erste* Spur vom Luchs, fanden ihren *ersten* Riss oder machten sogar ihre *erste* Luchsbeobachtung. Mittlerweile ist der Luchs im Harz ein Stück weit zur Normalität geworden; und das ist ja auch gut so.

Die Arbeit hat inzwischen an Substanz gewonnen, ohne dass jedoch langweilige Routine aufgekommen wäre. Es passieren natürlich auch viele Geschichten und Geschichtchen, die sehr spannend oder lustig sind. Und zu den Highlights gehört es natürlich immer wieder, einen frei lebenden Luchs zu Gesicht zu bekommen.«

»Wie oft hast du selber schon Luchse gesehen?«, frage ich. »Ich habe ja nun das große Glück, oft Meldungen darüber zu bekommen, wo jemand gerade vor sehr, sehr kurzer Zeit einen Luchs gesehen oder aber einen Riss gefunden hat«, erzählt Ole. »An Rissen hat man einmal die Chance, Informationen über das Tier zu sammeln, Foto- und Videofallen aufzustellen, und so Bilder vom Luchs zu bekommen. Oder, was mehr aus Zufall passiert, dass man vor Ort auch auf den Luchs selber trifft. Wie gut diese Tiere getarnt sind, dazu gibt es auch eine schöne Geschichte: Wir hatten einmal ein Tier, welches eine Ohrmarke trug. Dieses hatte den Harz verlassen und war in Richtung Norden abgewandert. Es durchwanderte die Agrarlandschaft, in der es kaum Bäume gibt, und wurde sogar jenseits des Elm beobachtet – Luftlinie etwa 40 Kilometer vom Harzrand. Und dieser Luchs ist einen nachweisbaren Weg gegangen – aufgrund der Ohrmarke konnte man immer wieder mal Meldungen über ihn bekommen –, der so individuell ausfiel, dass niemand ihn vorausgeahnt hätte. Er hat in Feldgehölzen in der sonst ausgeräumten Landschaft Rehe erbeutet, und einmal ist das dann sogar von einem Bauern vom Traktor aus beobachtet worden. Der sah zu seiner Überraschung, wie ein Luchs ein erbeutetes Reh ins Feldgehölz zog. Ich wurde verständigt und zog gemeinsam mit dem Jagdpächter los, um uns die Geschichte vor Ort anzuschauen. Wir fanden den Riss und standen mit drei oder vier Leuten eine ganze Weile drum herum und haben uns unterhalten über die ganze Situation. Und erst nach Minuten sprang plötzlich der Luchs aus einem gerade mal fünf Meter entfernten Reisighaufen und flüchtete von uns weg. Der hatte sich also die ganze Zeit dort versteckt und abgewartet, dass die Luft rein wird. Aber die Luft wurde nicht rein, dann sind mit ihm doch die Nerven durchgegangen. Und wir waren wirklich alle perplex. Keiner von uns hatte ihn da gesehen oder vermutet. Wenn man einen Luchs im Gehege vor sich hat, denkt man, das ist doch ein auffälliges Wesen. Aber im Gelände verschwimmt er völlig mit der Landschaft.

Spielende Luchse

Ich kann mich an eine weitere Geschichte erinnern aus der Anfangszeit, in der noch keiner mit dem Luchs im Harz rechnete, als wir zwar unsere Arbeit aufgenommen hatten, die ersten Luchse auch bereits freigelassen waren, aber noch nicht jeder mitbekommen hatte, dass der Luchs da ist: Wir haben ja viele Talsperren im Harz. Eine der Talsperren ist komplett eingefasst mit einem geteerten Uferweg. Dieser wird sehr gern von Inline-Skatern genutzt, um dort richtig Gas zu geben vor wunderschöner Landschaftskulisse. Es war ein Herbsttag, windig, das Laub raschelte. Und da war eben dieser Mann mit Inlinern unterwegs und hatte hohe Geschwindigkeit draufbekommen. Er fuhr um eine Felsnase herum und sah vor sich, nur noch wenige Meter entfernt, einen Luchs auf der Straße sitzen, der allerdings in eine ganz andere Richtung schaute. Der Mann schoss direkt auf den Luchs zu und hatte keine Chance mehr, rechtzeitig zu bremsen aufgrund dieser hohen Geschwindigkeit. Der Luchs bekam ihn im allerletzten Augenblick mit, warf sich herum, schaute den Mann für eine Sekunde ungläubig an und versuchte, die Straße herunterzuflüchten. Eine andere Chance hatte er nicht, weil links von ihm der Hang steil abfiel und rechts von ihm steil aufstieg – so steil, dass er keine Chance sah hinaufzuflüchten. Der Mann schoss mit hoher Geschwindigkeit hinter dem flüchtenden Luchs her, mit den Händen wild gestikulierend und Zischlaute ausstoßend, um den Luchs zum Ausweichen zu bringen. Das ging über mehrere Meter, bis der Luchs endlich eine Gelegenheit wahrnehmen konnte, auf die Böschung zu springen und dann mit einem Satz verschwunden war. Dem Mann zitterten wohl noch Minuten danach die Knie. Bei dessen Schilderung fuhr auch den Wissenschaftlern zunächst der Schreck in die Glieder, bis allmählich die Komik zum Tragen kam.«

Luchs mit »Pieps«

»Welche Möglichkeiten der Kontrolle bestehen über das Ausfährten der Spuren und Untersuchen gefundener Risse hinaus noch?«, frage ich. »Die Telemetrie bietet eine weitere gute Möglichkeit, ein Wildtier wie den Luchs zu überwachen. Seit diesem Jahr haben wir unseren ersten Luchs am Sender«, erklärt Ole. »Im März dieses Jahres (2008) bekamen unsere zwei Luchsdamen in den Gehegen regelmäßigen Besuch von einem wilden Kuder – also einem männlichen Luchs.« Jetzt erst fällt mir auf, dass der Gehegezaun in beträchtlicher Höhe nicht nur eine Kippkante nach innen gerichtet besitzt, sondern eine zweite nach außen. »Wir nannten ihn ›M1‹ – also als Kürzel für ›Männlich Eins‹ stehend. Wir nutzten diese Gelegenheit, um M1 am 17. März kurzzeitig einzufangen und ihn mit einem Halsbandsender wieder in die Freiheit zu entlassen. Wir konnten feststellen, dass er am 1. April die Gegend um Bad Harzburg verließ. Er wanderte in nur wenigen Tagen bis in den Südharz, wo er seither umherstreift.

Die telemetrisch übermittelten Daten ermöglichten uns in den vergangenen fünf Wochen eine Intensivstudie. Das bedeutet für die Mitarbeiter und mich sehr lange Tage oder sehr kurze Nächte – wie man es nimmt. Denn die Tiere sind vor allem in der Dämmerung und in der Nacht aktiv. Über die Telemetrie bietet sich die Gelegenheit, eine Menge über Aktivitätsrhythmus, Nahrungsspektrum und Raumnutzung eines Tieres in Erfahrung zu bringen.«

»Und wie funktioniert diese Fernübermittlung von Daten genau?«, hake ich nach. »Das angelegte Senderhalsband gibt regelmäßig Funksignale in einer bestimmten Frequenz ab, die mit einem Empfangsgerät hörbar gemacht werden. Mittels Richtantenne wird dann die Richtung bestimmt, aus der das Signal kommt. Im Gelände werden mehrere Standpunkte gewählt und über den Kreuzpunkt der Linien wird die Position des Luchses bestimmt. So gelingt es uns, die Wege des Luchses zu ermitteln, welche Strukturen er bevorzugt oder welche Punkte, an denen er Beute gemacht hat, er wie oft aufsucht, ohne ihn selber dabei zu stören. Allerdings kann man sich bei der Auffaltung des Harzgeländes vorstellen, dass der Luchs auch hin und wieder in ei-

nem tiefen Tal verschwindet, aus dem die Signale nicht weit genug hinausfinden.« Der Luchs kann sich also auch in einem klassischen Funkloch befinden – genau wie wir manchmal mit unserem Handy.

»Dieser Luchs, den wir besendert haben«, erklärt Ole, »trägt allerdings ein Halsband mit zusätzlicher GPS-Funktion. Das heißt, dieses Halsband ist in der Lage, im Zusammenspiel mit Satelliten ganz ähnlich wie ein Navigationssystem im Auto seine Position selbstständig zu bestimmen. Es speichert dann diese Position an Bord, und immer wenn es sieben Peilungsversuche durchgeführt hat, generiert es aus den gesammelten Daten eine SMS und schickt diese über das Mobilfunknetz raus. Diese SMS geht über eine Bodenstation, die beim Hersteller dieses Halsbandes in Berlin steht. Dort wird es umgerechnet in eine E-Mail. Und diese E-Mail läuft dann in der Regel fünf bis zehn Minuten, nachdem der Luchs die SMS geschickt hat, bei mir im Rechner auf – und ich kann schauen, wo sich der Luchs gerade befindet. Man erfährt zwar auf recht bequeme Art und Weise vom Schreibtisch aus Dinge über den Luchs, jedoch beschränken sich die Informationen auf den Standort des Tieres. Doch was er dort gemacht hat, erfährt man erst bei

Ole Anders,
telemetrierend

Luchsgedenkstein

der Nachsuche. Um zu erfahren, ob er dort gefressen oder geruht hat, welche Strukturen er genutzt hat, ist es eben doch wichtig, auch den anderen Sender zu nutzen und auch mal nahe dran zu sein. Und das haben wir in den letzten fünf Wochen gemacht. Die Batterie des Halsbandes schafft voraussichtlich 1000 GPS-Positionen. Anfang nächsten Jahres wird das Gerät wahrscheinlich seine Leistungsbereitschaft aufgeben. Bis dahin sollte der Wiedereinfang des Tieres gelungen sein.« Und dann empfiehlt Ole noch für besonders Interessierte: »Übrigens kann man alle Infos zum Projekt mit tollen Bildern dazu auf unserer Homepage ›www.Luchsprojekt-harz.de‹ einsehen.«

»Das Vorhandensein eines Luchses adelt eine ganze Landschaft.«

Mit diesen Worten zitiert der studierte Forstingenieur leicht abgewandelt den großen Horst Stern.

Wir verlassen die Gehege, in denen die Luchspärchen zu ihren abendlichen Kontaktspielen übergegangen sind. »Pamina« und »Tamino«, die beiden jüngeren Tiere, jagen sich quer durch das Weidenröschengebüsch. Bis Pamina, eine ehemalige Handaufzucht, sich auf den Rücken rollt und Tamino sich über sie stellt. Sie »klebt ihm dafür eine« mit ihrer breiten Tatze, trifft ihn mitten auf das Schädeldach, er kneift die Augen zusammen – doch alles nur im Spiel.

Ole und ich besteigen die Rabenklippe, die nur wenige Meter vom Gehege entfernt liegt und über eine Steiltreppe erreichbar ist. Und hier offenbart sich mein lang ersehnter Blick auf den Brocken, über Buchen- und ehemalige Fichtenwälder hinweg. Hier sieht es inzwischen auf weiten Strecken aus wie im Nationalpark Bayerischer Wald. Ole ist überrascht, denn der Borkenkäfer hat ganze Arbeit geleistet und den Blick auf die kleinen Moorflächen freigegeben.

Brockenblick – deutlich erkennbar davor die abgestorbenen Fichtenbestände

»Das ist neu«, sagt er, »und war bei meinem letzten Besuch noch nicht zu sehen. Genau dieser Umstand führt zu einer der hauptsächlichen Kontroversen in einem Nationalpark wie dem Harz. Das Thema Luchs nimmt sich dagegen wie ein Waisenkind aus. In der andauernden Diskussion geht es darum, wie weit sich der Mensch aus den natürlichen Prozessen, die zwangsläufig bei der Schaffung eines Nationalparks einsetzen, herausnehmen soll und darf. Zum einen ist man sich darüber einig, dass die Fichte in weiten Teilen des Harzes standortfremd ist. Sie steht hier in Form von Fichten-Monokulturen, die der Mensch angepflanzt hat; natürlicherweise würde sie diese Flächen gar nicht einnehmen. Völlig gleichaltrige Monokulturen an für die Art ungünstigen Standorten führen zu einer Schwächung der Bäume. Hinzu kommen Trockenperioden, denen die Fichte wenig entgegenzusetzen hat. Die Praxis zeigt jedoch auch, dass die Fichte sich an den ungünstigen Standorten wieder freudig verjüngt, schneller zumeist als andere Baumarten. Und so baut sich erneut ein monotoner Fichtenbestand etwa gleichen Alters auf. Es ist zu erwarten, dass der Prozess dann wieder von vorn beginnt, wenn man nicht durch Pflanzung anderen Baumarten, wie der eigentlich standortgerechten Buche, eine Chance gibt.

Die einen bedauern den Rückgang und das großflächige Absterben der Fichte, die anderen begrüßen dieses mit dem Blick auf die Zukunft, da genau diese Vorgänge natürliche Waldgesellschaften auszeichnen. Erst der in Artenzusammensetzung und Struktur veränderte Naturwald wird großen Borkenkäfergradationen (etwa mit Epidemien vergleichbar), wie wir sie heute erleben, endgültig einen Riegel vorschieben können.«

Ole und ich genießen den Weitblick und die Ruhe, da der letzte Gasbus die meisten Besucher mit zurück ins Tal genommen hat. Ole zeigt auf eine Landschaft im Umbruch: »Heute ist der Luchs im Harz angekommen. Er ist sogar ein Stück weit Normalität geworden. Die Abkehr vom Luchs und auch der Luchse selber ist nicht mehr zu erwarten. Vielen Prognosen zum Trotz, es würde nie zu einer Akzeptanz des Luchses kommen, nutzt ihn nun die Region bereits als Werbeträger.«

Merkmal-Katalog: Luchs (*Lynx lynx* Linné, 1758)

Synonyme: –

Verbindung: Pinselohren; Stummelschwanz; Fleckung; Backenbart; Mitglied der sogenannten »Großen Drei«: Es herrscht die weit verbreitete Meinung vor, Braunbär, Wolf und Luchs wären von Natur aus die einzigen drei Großprädatoren Deutschlands und Mitteleuropas. Diese Ansicht ist falsch, denn bis vor etwa 10.000 Jahren existierten hier auch Löwe und Tüpfelhyäne, um nur einige Beispiele zu nennen. Viele Tiere leben heute in Restrefugien ihrer früheren Verbreitungsgebiete aufgrund von Bejagung und Lebensraumzerstörung und nicht, weil es sich um natürliche Verbreitungsgrenzen handelt.

Systematik: Klasse: Säugetiere (*Mammalia*) – Ordnung: Beutegreifer (*Carnivora*) – Familie: Katzen (*Felidae*)

Verbreitung: Früher über weite Teile Eurasiens und Nordamerikas in verschiedenen Arten und Unterarten verbreitet.

Lebensraumtypen: Ohne besondere Ansprüche, Deckung und Nahrungsangebot sind entscheidend.

Körper: Kuder (♂♂) etwas größer als Katzen (♀♀). Kopf-Rumpf-Länge 80 bis 120 Zentimeter plus Schwanzlänge von 11 bis 25 Zentimetern. Schulterhöhe 60 bis 75 Zentimeter.

Gewicht: 12 bis 32 Kilogramm (meist bei 20 Kilogramm)

Biologie: Tragzeit 67 bis 74 Tage. Ranzzeit in Mitteleuropa liegt im Februar bis März. Ein bis vier Welpen werden blind und behaart mit einem Geburtsgewicht von 240 bis 300 Gramm geboren.

Ernährung: Karnivor (fleischessend): Huftiere bis zur Größe von Reh und Rothirschkalb. Ebenso Nagetiere und Vögel. Seltener wird auch Aas genutzt.

Bestand: 50 bis 100 Individuen derzeit bundesweit

Schutzstatus: Jagdbare Tierart mit ganzjähriger Schonzeit nach Bundesjagdgesetz BJG; Kategorie 1 (vom Aussterben bedroht) in »Rote Liste Deutschland«; Geschützte Art nach »Berner Konvention«; streng geschützte Art von gemeinschaftlichem Interesse nach FFH-Richtlinie (92/43/EWG), Anhang II und IV.

Gähnen – der Luchs ist in Deutschland wieder ganz selbstverständlich angekommen

Kolkrabe –
Begegnung mit Intelligenz

Raben sind der Evolution letzter Schrei, aber nicht ihr letztes Wort. Ihre Flexibilität scheint nicht so schnell auf Grenzen zu stoßen. Raben hört man meistens, bevor man sie sieht. Wenn eine Art so laut ist wie der Rabe, dann hat sie was zu sagen.

Zwischen Bayern und Schleswig-Holstein

Der Kolkrabe wurde in weiten Teilen Deutschlands im 20. Jahrhundert mittels direkter Verfolgung durch den Menschen ausgerottet. Nur in Schleswig-Holstein und Mecklenburg-Vorpommern konnte sich ein nennenswerter Rabenbestand halten, in sehr geringer Zahl auch in Niedersachsen und im bayerischen Alpenraum sowie in Hamburg. Wir lernen mit dem Raben eine weitere Art kennen, die nicht indirekt über Zerstörung ihres bevorzugten Lebensraumes an den Rand der Ausrottung gebracht wurde, sondern durch gezielte Verfolgung, durch Vergiftung, Abschuss und Aushorstung.

Ab 1960 erholten sich die Rabenbestände zusehends. Dafür genügte es dem Raben, nicht mehr verfolgt zu werden. Endlich konnte man die schwarzen Vögel wieder fliegen sehen und hören über Plätzen, die nach ihnen benannt worden waren, wie die Harzer »Rabenklippe« oder der nordrhein-westfälische »Ravensknapp« bei Höxter. Für 1990 werden ungefähr 2000 Brutpaare für Mecklenburg-Vorpommern angegeben, für Brandenburg etwa 950, für Schleswig-Holstein etwa 450 und für Niedersachsen immerhin wieder knapp 250 Brutpaare. In den meisten Landesteilen nehmen die Rabenbestände auch weiterhin zu.

Dem Raben wird nachgesagt, dass er unter den Rabenvögeln, zu denen unter anderem Elster, Rabenkrähe und Eichelhäher gehören, der einzige ist, der sich wirklich in großem Maße auf Kadaver als Nahrung spezialisiert hat. Die hohe »ökologische Plastizität« – als Ergebnis ihrer hohen geistigen und körperlichen Fähigkeiten –, versetzt Raben in die Lage, selbst ungünstige Lebensräume zu erschließen wie beispielsweise geschlossene Wald-

»TotemRabe« – Rabenskulptur in Totempfahl nordamerikanischer Westküstenindianer, aufgestellt in Hagenbecks Tierpark, Hamburg

Rabenportrait

gebiete. Im Gebiet des heutigen Nationalparks Bayerischer Wald dürfte die Art im 18. Jahrhundert bereits verschwunden sein. Raben waren möglicherweise darauf angewiesen, im Winter die Siedlungsnähe aufzusuchen; das hat ihren Abschuss vielleicht erleichtert. Es ist nicht einfach, im winterlichen Waldgebirge auf Kadaver zu stoßen, vor allem nicht mehr, nachdem die großen Beutegreifer hier ausgerottet oder selten geworden waren. Eine enge Bindung an Wölfe beziehungsweise deren erfolgreiche Beutezüge scheint vorzuliegen. Die Studien zu diesem Verhältnis stecken noch in den Kinderschuhen und finden vor allem in Nordamerika statt, wo Wölfe erst vor wenigen Jahren im Nationalpark Yellowstone wieder eingebürgert wurden. Die Raben schlossen sich den Neuankömmlingen umgehend auf den Beutezügen an und profitieren nicht anders als in Kanada und Alaska von den Resten der Risse, die die Wölfe machen.

Zumindest im bayerisch-böhmischen Grenzgebiet nutzen die Raben ebenfalls die Anwesenheit der Wölfe, die hier in der Gehegezone des Nationalparks seit August 1971 untergebracht sind. Nachdem Raben auch hier zwischenzeitlich ausgerottet worden waren, unternahm man den Versuch, sie in den Jahren 1974 bis 1985 erneut anzusiedeln. Rund 60 überwiegend juvenile Vögel wurden freigelassen. 1982 erfolgte die erste Freilandbrut. Einige wenige Paare haben sich bis heute halten können. Das Geheimnis der Raben, wie sie in dieser ansonsten eher suboptimalen Umgebung trotzdem überleben, liegt eindeutig in der Nutzung der regelmäßigen Fütterungen von Wolf, Bär und Luchs in den Gehegen. Dabei haben sich die Raben ganz genau auf die Fütterungstage und -zeiten der Wölfe eingestellt.

Wenn man auf der Beobachtungskanzel am Wolfsgehege außerhalb der offiziellen Fütterungszeiten steht, hört und sieht man selten einen Raben. Doch jeden Montag, Mittwoch und Freitag finden sich Raben exakt eine Stunde vor der eigentlichen öffentlichen Fütterung in den Baumkronen über dem Gehege ein. Natürlich haben sie als Vogel andere Möglichkeiten herauszubekommen, wann der Futterwagen sich in Richtung Wolfsgehege bewegt. Doch durch alleiniges regelmäßiges Patrouillieren entlang der Gehegezone würden sie wohl kaum herausbekommen, um welchen Wochentag es sich handelt. Wie dem auch sei, am Montagmittag stehen viele Menschen sehnsuchtsvoll auf der Wolfskanzel in der Erwartung, ihre vierbeinigen Lieblinge beim »Raubzug auf den Inhalt der Futtereimer« zu erleben – und stellen dann überrascht fest, wie schüchtern Wölfe sein können. Mit eingeklemmten Schwänzen schleichen die meisten um den Futterplatz herum wie die Katze um den heißen Brei – ganz im Gegensatz zu den Raben, die sich in spektakulären Flugmanövern über den Köpfen der Wölfe bewegen und sich dann ungeniert am Futterangebot bedienen.

Unter den Raben, die sich dauerhaft in der Gehegezone aufhielten, schien sich Anfang der 1980er-Jahre auch eine Handaufzucht zu befinden. Gleich zu Beginn der Gehegezone hinter dem Parkplatz befanden sich vor Jahren die alten Volieren, in denen Vogelarten der Waldrandzone gehalten wurden. In deren Nähe saß oft ein einzelner Rabe und »verspottete« die Besucher. Er verfügte nicht nur über ein reichhaltiges Klanginventar – wie alle Kolkraben –, sondern beherrschte auch einige menschliche Worte. Nun mögen die Gelehrten lange darüber streiten, ob Vögel wie Raben und Papageien wissen, was sie sagen, wenn sie sprechen beziehungsweise Worte und Stimmlagen imitieren. Doch dieser Rabe traf häufig »den Nagel auf den Kopf«. Wenn Menschen unter ihm stehen blieben, die vom Raben nichts ahnten, dann erklang plötzlich und mit einer unerwartet sonoren Stimme das Wort »Eierkopf« aus der Baumkrone, woraufhin sich die Menschen verblüfft suchend umschauten, aber niemand entdecken konnten, der sie so rief.

Der Rabenmann

Der Diplom-Biologe Thomas Grünkorn beschäftigt sich seit 1986 mit dem Kolkraben. Auf einer Probefläche von etwa 2000 Quadratkilometern in einem Bereich um die Stadt Schleswig an der Schlei herum hat er in den vergangenen Jahren knapp 1000 Bäume bestiegen, um Daten zur Populationsdynamik des Raben zu erheben.

»Thomas, ich möchte gern von dir erfahren, wieso du dir ausgerechnet Raben als zu untersuchende Tierart ausgesucht hast«, frage ich voller Neugier.

»Ich möchte die Frage ganz lapidar beantworten: Ich bin auf den Raben gekommen, weil es ihn hier gibt. Er gehört genauso zu Schleswig-Holstein wie ich. Raben haben hier in einem Reliktvorkommen überlebt, während sie in großen Teilen Deutschlands ausgerottet worden sind. Als Ökologe galt mein Interesse hauptsächlich den Arten, die landschaftstypisch sind und deren Ökologie direkt vor meinen Augen abläuft.

Beim Raben treffen einige interessante Dinge zusammen: Es handelt sich um einen Vogel, der als Standvogel das ganze Jahr über anwesend ist und nicht wegzieht, das bedeutet, dass sämtliche Einflussfaktoren auf die Populationsdynamik und dessen Kopfzahl, die ich untersuche, vor

Ort stattfinden. Ich bin daran interessiert herauszufinden, welche Mechanismen den Raben dazu befähigen, bei uns in der Landschaft zu überleben. Mein Ziel war von Beginn meiner Untersuchungen an herauszubekommen, wovon der Bruterfolg der Raben abhängig ist.«

»Bist du dabei fündig geworden?«, frage ich. »Ich bin zu schönen Ergebnissen gekommen«, antwortet Thomas Grünkorn. »Es stand ja lange Jahre zur Diskussion – und eigentlich immer noch – ob Raben oder auch Rabenkrähen und andere Rabenvögel im Allgemeinen geschossen werden sollen. Meine Untersuchungen zeigen ganz eindeutig, dass Raben in der Lage sind, ihre Population selbst zu regulieren. Die Anzahl der Jungen pro Fläche ist abhängig von der Siedlungsdichte der Raben, das heißt, dass mit sinkendem Abstand zum nächsten Brutnachbarn der Bruterfolg der einzelnen Paare geringer wird oder ganz ausbleiben kann. Diese Mechanismen, vielleicht auch Gesetze, machen ein Eingreifen von außen überflüssig. Man kann also den Jägern erklären, dass es nicht sinnvoll ist, in den Bestand regulierend einzugreifen und das Niveau vorzugeben, auf dem sich die Vögel einer bestimmten Art einzupendeln haben; dieses geschieht von ganz allein. Nur langfristige Untersuchungen können zur Entdeckung solcher Gesetzmäßigkeiten führen und zeigen, dass solche Korrelationen wie die zwischen Siedlungsdichte und Bruterfolg funktionieren.

Ich verfüge jetzt über sehr lange Entwicklungsreihen, die in der Zeit des Minimalbestandes in der Mitte der 1970er-Jahre beginnen. Durch strenge Schutzmaßnahmen kam es zu einem Bestandsanstieg auf der Probefläche um Schleswig und allmählich auch im übrigen Schleswig-Holstein sowie in weiteren Teilen Deutschlands. Dem Bestandsanstieg über viele Jahre folgte eine Phase der Stagnation. Jetzt befindet sich der Bestand sogar in einer leichten Abnahme. Die Unterteilung des gesamten Untersuchungszeitraums in verschiedene Zeiträume befähigt mich zu einem Vergleich mit weiteren ökologischen Begebenheiten, die im jeweiligen Zeitabschnitt auftraten. Daraus ergibt sich deutlich, dass das neuerliche Auftreten des Uhus (nach erfolgreicher Wiedereinbürgerung und Ausbreitung) ab Mitte der 1990er-Jahre Einfluss auf den Bruterfolg des Raben ausübt. Die Langzeitstudie an den Raben ermöglicht eine Gegenüberstellung der Zeiten mit und ohne Uhu.«

»Lassen sich deine Ergebnisse auch auf andere Landesteile übertragen?«, frage ich. Thomas Grünkorn erläutert: »Ich habe im Rahmen meiner Diplomarbeit bis 1991 bereits versucht, Probeflächen über mehrere Teile Schleswig-Holsteins zu verteilen. Ich wählte Bereiche sowohl im Herzogtum Lauenburg aus als auch in der Plöner Seengegend sowie an der Westküste und in Schleswig, direkt vor meiner Tür. In diesen Gebieten waren bis dato nur wenige oder gar keine Datenerhebungen vorgenommen worden. Ich bemühte mich, Kollegen hierfür zu gewinnen, und habe selbst gezielt eigene Probeflächenbearbeitungen vorgenommen, um dann eine Hochrechnung auf den Landesbestand zu ermöglichen. Mittlerweile untersuche ich nur noch die Schleswiger Fläche. Sie ist zwar groß, aber eine Übertragung auf das gesamte Land ist entsprechend schwieriger geworden, da ich mich jetzt ausschließlich um diese Fläche kümmere.

In anderen Gegenden Schleswig-Holsteins und Deutschlands sind durchaus gegenläufige Tendenzen zu verzeichnen. Während der Schleswiger Rabenbestand weiterhin stagniert, nehmen die Bestände bei Plön und im Südosten Schleswig-Holsteins wahrscheinlich noch weiter zu. Ein genaues Wissen darüber besteht nicht.«

»In welchem Rahmen hast du deine Untersuchungen angestellt?«, frage ich. »Einen Teil der Arbeit habe ich für das Umweltministerium gemacht«, antwortet Thomas Grünkorn. »In der Hauptsache aber arbeite ich eigenverantwortlich.«

»Benötigt man dafür eine Sondergenehmigung?«, will ich wissen. Thomas Grünkern meint dazu: »Jeder kann natürlich durch den Wald laufen und Vögel zählen. Ich habe allerdings Sondergenehmigungen für das Beringen und Markieren der Raben über die Vogelwarte Helgoland und das Landesamt für Natur und Umwelt in Schleswig-Holstein.«

Mit Kanonen auf Raben schießen

»Thomas, mich haben deine Ausführungen auf einer vogelkundlichen Tagung sehr beeindruckt, vor allem die Datenfülle, die du im Laufe der Jahre gewonnen und präsentiert hast. Wie ist es dazu gekommen?«

»Ich habe sowohl über viele Jahre die Jungen im Nest beringt als auch in einigen Wintern erwachsene Raben mit Kanonennetzen gefangen, um sie zu markieren; ich habe dabei insgesamt etwa 300 bis 400 Raben gefangen. Die großen Zahlen kommen letztendlich durch die Größe der Probefläche zustande: Auf den 2000 Quadratkilometern um Schleswig, zwischen Rendsburg und Tarp in der Nord-Süd-Achse und Eckernförde und Husum in der Ost-West-Achse, habe ich dadurch immer zwischen 30 und 40 Paare in den Hochzeiten der Rabenpopulation in den 1990er-Jahren untersucht. Wenn man davon ausgeht, dass jedes der 40 Paare im Durchschnitt vier Junge im Nest sitzen hat, von denen jedes einzelne beringt wird, dann kommt man schon auf einen Wert von 160 Beringungen pro Jahr. Wenn man diese Zahl wiederum für einen Zeitraum von allein 20 Jahren annimmt, erhält man eine Summe von 3200 einzeln beringten Jungraben. Also: Aufgrund der Größe der Probefläche und der darauf befindlichen Anzahl der Nester, der Durchschnittszahl der Jungen pro Nest von drei oder vier und der Dauer der Untersuchung bin ich ganz automatisch auf bislang etwa 3500 Beringungen gekommen«, sagt Thomas Grünkorn in aller Bescheidenheit.

Neugeschlüpfte

Am seidenen Faden

Mich interessiert vor allem der Vorgang der Beringung und der Aufwand: »Welche Überlegungen hast du am Anfang überhaupt angestellt, um das Problem zu lösen, wie man an so hoch stehende Nester gelangt und dort auch noch einigermaßen frei hantieren kann?«

»Ich habe mir das zunächst selbst überlegt. Ich habe eine Strickleiter benutzt. Dazu habe ich eine Nylonschnur mit Pfeil und Bogen in den Baum geschossen, an die wiederum eine Maurerschnur geknotet wurde und in Verlängerung daran ein dickeres Seil. Am Seil konnte ich die Strickleiter hochziehen – dann bin ich frei und ohne jede Sicherung in den Baum hochgeklettert. Ich bin dann auf diese Weise auf über 500 Bäume gestiegen, nur um Raben zu beringen.«

»Hattest du keine Angst, ist nie etwas passiert?«, frage ich erschrocken. »Doch«, sagt er. »1988 bin ich vom Baum gefallen – aus 25 Metern Höhe im freien Fall. Ich habe mir schwere Verletzungen dabei zugezogen, unter anderem einen vierfachen Wirbelsäulenbruch.«

»Andere hätten dann aufgehört«, schiebe ich nachdenklich ein. »Nein, das wäre für mich nicht infrage gekommen. Ich fasste den Entschluss, klettern noch einmal neu zu lernen. Ich wollte endlich das richtig machen, was ich vorher nur scheinbar konnte. Ich habe dann einen Kletterkurs in der Forstsaatgutberatungsstelle in Niedersachsen mitgemacht. Dort werden professionelle Baumsteiger und Zapfenpflücker ausgebildet. Man machte mich mit der richtigen Seilklettertechnik vertraut. Mittels eines Katapultes wird hierbei eine Schnur in den Baum geschossen. Die Schnur wird zunächst mittels eines 300 Gramm schweren Bleigewichts über eine tragende Astgabel in 30 Meter Höhe geschossen. Daran kann dann ein zehn Millimeter starkes statisches Kernmantelseil in einer Länge von 60 Metern hochgezogen werden. An dem dicken Seil beginnt der Aufstieg. Aber auch oben angekommen, bewege ich mich nun ständig in einem System aus Seilen.«

»Das heißt, du bist gesichert, wenn du jetzt am Nestrand hantierst und abrutschen würdest?«, frage ich inzwischen etwas beruhigter. »Ich hänge letztlich ständig in einem Seil, ja«, antwortet Thomas Grünkorn. »Ich kann in meinem Aufstiegsseil bleiben und hängen. Wenn ich über den Ankerpunkt des Aufstiegsseils hinaus klettere, dann kann ich mich entweder mit neuen Kurzsicherungen oder mit weiteren Seilen in der Baumkrone sichern. Dazu brauche ich einen Gurt und verschiedene Seile, die ich mit dyna-

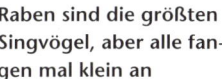

Raben sind die größten Singvögel, aber alle fangen mal klein an

Lauter Sperrrachen

mischen Bremsknoten ständig fieren (kontrolliert loslassen) kann – dadurch erhalte ich gewisse Bewegungsfreiheiten. Oder ich kann diese Knoten beißen lassen, so dass sie mich halten.

Die Bäume, in denen die meisten der Raben brüten und die ich besteige, sind ähnlich in der Wuchsform und Höhe. Bei den meisten der Bäume handelt es sich um Rotbuchen und weitere großkronige Laubbäume. Diese sind gerade sehr vorteilhaft, wenn es um die Verankerung des Seiles in der Krone geht. Ich kann mir große, tragende Seitenäste aussuchen und das Seil mit dem Katapult hochschießen. Es ist relativ sicher zu verankern, und so kann ich dann an dem Seil hochklettern. Bei den meisten der Brutbäume komme ich mit meiner Seillänge von 60 Metern gut aus. Das eine Ende geht frei am Baum hoch. Oben folgt der Ankerpunkt. Hinter dem Ankerpunkt geht das Seil wieder runter und wird dann unten am Baum befestigt. Bei 60 Metern Seillänge stehen mir also 30 Meter zum Hochklettern zur Verfügung, und die anderen 30 Meter brauche ich wieder für die Verankerung nach unten.«

Und er sagt noch: »Ich bin inzwischen wieder auf gut 500 Bäume geklettert seit meinem Unfall, nur um wieder Rabenjunge zu zählen – und seither nicht mehr heruntergefallen. Und ich hoffe nun, dass das auch so bleibt.«

Etwas Rabenkultur?

»Werden Raben bei der Suche nach ihrem idealen Brutbaum von speziellen Wünschen getrieben?«, frage ich. Und: »Welche Erfahrungen und Beobachtungen hast du dazu in deinem Untersuchungsgebiet gemacht? Würdest du dir die jeweilige Brutplatzwahl, die ein Rabe oder Rabenpaar im Einzelnen trifft, eher über genetisches Erbe oder traditionelle Weitergabe von den Elternvögeln an die Jungen erklären?«

»Ich glaube«, antwortet Thomas Grünkorn, »um von einer Bevorzugung eines Brutplatzes sprechen zu können – eine bestimmte Baumart in einer bestimmten Altersklasse etwa – würde bedeuten, dass dieser überproportional zum Angebot genutzt werden müsste. Aber wenn Kolkraben hier bei uns Rotbuchen zum Brüten verwenden, liegt das daran, dass Schleswig-Holstein vor allem die großen Buchenhochwälder bietet. Diese werden von den Raben genutzt, weil es hier wenige Alternativen dazu gibt. In Mecklenburg-Vorpommern werden dafür die großen Kiefernwaldungen genutzt. Ich gehe davon aus, dass die Raben opportun das in Anspruch nehmen, was sie am häufigsten vorfinden. Das bedeutet, dass Raben aufgrund ihrer hohen Anpassungsfähigkeit über ihre geistige Flexibilität unterschiedliche Landschaftsteile und unterschiedliche Requisiten in der Landschaft nutzen können. Dass das im Einzelfall auch einmal ein Hochspannungsmast als Brutplatz sein kann, unterstreicht die These von der Plastizität noch. Über meine Farbberingung konnte ich deutlich machen, dass ein junger Rabe, der auf einem Mast erbrütet worden ist, nicht unbedingt wieder auf einem Mast brüten muss – und das gilt ebenso für einen Raben, dessen Eltern eine Laubbaumkrone als Neststandort gewählt hatten. Durch meine langjährigen Studien konnte ich klar beobachten, dass die Raben ganz unabhängig von ihrer Kinderstube später ihren eigenen Neststandort wählen können. Also scheint diese Form der ›Prägung‹ nicht so stark zu sein – so dass ich auch nicht von einer Präferenz sprechen möchte, sondern einfach von einer opportunen Nutzung dessen, was sich gerade bietet.«

»Was zeichnet Raben für dich im Besonderen aus?«, frage ich. »Es ist immer wieder spannend und schön zugleich, ihre Flugspiele zu betrachten, oder auch nur, wenn sich ein einzelner Rabe an seinem Schnabel an einem Zweig aufhängt und baumeln lässt«, erzählt Thomas Grünkorn anschaulich. »Es gibt einfach mehr zu beobachten, wenn man Raben eine Weile zuschaut – im Vergleich zu vielen anderen Vogelarten beispielsweise. Ihre Palette an Ausdrucksformen und Verhaltensweisen ist außergewöhnlich breit gefächert. Aber so sind Raben nun einmal – die Flexibilität gehört zu ihrer Biologie. Diese Flexibilität ist es, die dafür verantwortlich ist, dass Raben plötzlich auf einem Hochspannungsmast brütend auftauchen und sich eine Landschaft neu erschließen. Für Raben ist ihre Flexibilität nichts Außergewöhnliches, für andere Arten wäre sie es schon. Für mich als Ökologen besitzen aber auch alle anderen Arten die gleiche Faszination. Eine Überhöhung einzelner Arten kann ich nicht nachvollziehen und lehne ich ab. Jede Art spielt eine Rolle, die nicht weniger wichtig ist als die einer anderen.« Und er knüpft noch einmal an den Anfang unseres Gespräches an: »Raben als Tierart für meine Studien habe ich vor allem ausgesucht, weil es sie hier gibt.«

Merkmal-Katalog: Kolkrabe (*Corvus corax* Linné, 1758)

Synonyme: Rabe, Jakob, Hans Huckebein, Pflückbeutel
Assoziation: In der menschlichen Betrachtung eine große Variabilität der Mystifizierung bedienend, von »Rabeneltern«, Unglücksvogel (»rabenschwarzer Tag«) bis hin zum Symbol der Weisheit und zum Götterboten, Schöpfer und Gott selbst reichend; besonders positive Verehrung erfährt der Vogel bei Naturvölkern. Der Rabe kommt bereits in Kinderreimen vor wie bei »Hoppe, hoppe, Reiter, … Fällt er in den Graben, fressen ihn die Raben …«. Der Name Rabe ist eine Ableitung seines Hauptrufes »Raab«.

Keine Drückeberger – die lauten Bittrufe der Jungen prägen für Wochen die Akustik ihrer Umgebung

Systematik: Klasse: Vögel (*Aves*) – Ordnung: Sperlingsvögel (*Passeriformes*) – Familie: Raben (*Corvidae*)

Verbreitung: Der Rabe bewohnt die gesamte nördliche Erdhalbkugel und besiedelt dabei sogar so entlegene Inseln wie Island und Grönland.

Lebensraumtypen: Ohne spezielle Bindung an einen bestimmten Lebensraum. Zur Brut sind große Bäume unterschiedlicher Arten oder Felsnischen wichtig, ersatzweise werden auch Strommasten oder Gebäude genutzt. Der Rabe bevorzugt abwechslungsreiche Landschaften, durchsetzt mit Gehölzgruppen, alten Waldungen und Offenlandanteilen.

Körper: Mit rund 64 Zentimetern Länge der größte Singvogel der Erde. Fällt durch seine Größe und schwarze Farbe auf, die bei bestimmten Lichtverhältnissen blau und grau metallisch glänzt. Besitzt einen mächtigen Schnabel, der als Werkzeug benutzt wird, sowie einen keilförmigen Schwanz. Ruft laut und oft während des Fluges. Pärchen verlieren sich oft in Flugspielen. Kreist oft am Himmel.

Gewicht: 0,8 bis 1,5 Kilogramm

Biologie / Brutzeit: Erwachsene Raben leben ab einem bestimmten Alter in Einehe, die unter günstigen Umständen 50 Jahre andauern kann. Junggesellen können mehrere Jahre in sehr großen Gesellschaften noch »unverheirateter« Raben verbringen, bis sie einen Partner wählen und mit ihm ein Revier gründen. Rabeneier gehören zu den kleinsten Eiern im Verhältnis zum Körpergewicht des Altvogels, die von einheimischen Vogelarten gelegt werden (neben dem Ei des Kormorans). Sie wiegen mit gerade einmal 30 Gramm nur 2,4 Prozent vom im Schnitt 1250 Gramm wiegenden erwachsenen Vogel. Das entspricht etwa dem zweiundvierzigsten Teil. Eine Brut pro Saison wird begangen. Raben bauen selbst einen großen, schweren Horst, der oft über viele Jahre benutzt und erweitert wird. Rabenküken schlüpfen nach einer dreiwöchigen Brutzeit noch im Spätwinter (etwa Mitte März unter mitteleuropäischen Verhältnissen). Die Eiablage erfolgt sechs Wochen nach der Verpaarung. Die vier bis sechs Eier werden drei Wochen lang bebrütet. Für weitere 40 Tage hocken die Jungraben unter lauter, heller, aber auch rauer Stimmabgabe im Nest.

Ernährung: Allesesser: abwechslungsreiche Kost, von Zivilisationsmüll bis hin zu Kadaverresten von Großprädatoren wie Wölfen. Auch selbst erfolgreiche Jäger von Kleinsäugern und Jungvögeln.

Bestand: Wird deutschlandweit aktuell auf wenige tausend Brutpaare geschätzt. Für ganz Europa werden sehr ungenaue Bestandszahlen angegeben; die Zahl der Brutpaare soll sich zwischen 19.000 bis 38.000 bewegen.

Schutzstatus: In der »Roten Liste Brutvögel« Deutschland als »ungefährdet« geführt; europa- und weltweit ebenfalls als »ungefährdet« geführt; in der Berner Konvention als »geschützte Tierart« des Anhangs III geführt; nicht geführt nach der »Bundesartenschutzverordnung« vom 16.2.2005; in der EU-VSR als Anhang I (wertgebende, artenschutzrechtlich relevante Arten von gemeinschaftlichem Interesse) geführt.

Wolf – Grenzgänger zwischen den Fronten?

Die Frage »Gibt es bei euch auch schon Wölfe?« scheint heute in jedem Bundesland berechtigt und gehört mittlerweile zum normalen Gesprächsstoff unter Nachbarn wie die Frage nach dem Wetter. Vor nur 20 Jahren hätten sich selbst die eingefleischtesten Wolfsfans und -forscher die erfolgreiche und freiwillige Rückkehr des Wolfes nach Deutschland nicht vorstellen können.

Vorurteil gesucht

Ich fahre in die Lausitz nach Sachsen, um die Wolfsexpertin Jana Schellenberg zu treffen. Wieder mit von der Partie ist Freund und Fotograf Guido Roschlaub. Jetzt sind wir den Wölfen auf der Spur.

Charmebolzen, Trickser, der die Nationen in einen tiefen Zwiespalt führt, bitterböser Geißleinkiller – der Wolf ist das Tier mit den meisten Gesichtern. Er selbst weist tatsächlich eine hohe Mannigfaltigkeit an Ausdrucksmöglichkeiten über Mimik und Gestik auf. Ein einzelner Wolf kann des Morgens übellaunig, tief betrübt oder bereits »gut drauf« sein. Und man kann ihm das ansehen. Das ist für ein hoch entwickeltes Säugetier mit Intelligenz und sozialer Begabung nicht weiter überraschend. Allerdings liegt es ausschließlich an der Perspektive des Betrachters, ob er den Wolf dabei in ein »gutes«, »böses« oder »neutrales Licht« rückt; der Wolf selbst bleibt davon völlig unbeeindruckt. So lange, bis mit der kulturellen Betrachtungsweise der Beschluss seiner Ausrottung zusammenfällt.

Einige der Interviewpartner zu diesem Buch antworteten auf die Frage, ob sie sich vorstellen könnten, dass die Tierart, mit der sie sich beschäftigen, selbst Kultur besäße, mit: »Es gibt zumindest eine Kultur *um* dieses Tier.« Ob aber von Tieren eigens erworbenes Verhalten traditionell an Artgenossen weitergegeben werde, vor allem aber der Kulturbegriff außerhalb des Menschenkreises anwendbar sei, darauf wollten sich die wenigsten festlegen.

Dass es eine Kultur um den Wolf gibt, ist unumstritten. Die Spanne der Betrachtungsweisen des Wolfes durch die Menschen, die unterschiedlichen Kulturkreisen angehören, ist äußerst variabel. Bestimmt fühlen und fühlten sich nicht alle Indianer, wie die amerikanischen Ureinwohner von Europäern genannt werden, dem Wolf brüderlich verbunden. Auch wenn weiße Großstädter dieses heute gern so sehen. Und im Wolfsbild der Germanen finden wir rückwirkend auch die eine oder andere Pauschalisierung wieder. Nicht alle Angehörigen des urdeutschen Kulturkreises werden Wölfe geliebt haben, weil zwei von ihnen angeblich ihren höchsten Gott begleiteten. Nach der Erzählung erhielten die beiden Wölfe Geri und Freki, die »Jagdlust« und »Jagdinstinkt« symbolisierten, das Fleisch von Odins Tisch, der seit der Erlangung der Weisheit nunmehr vom goldgelben Met lebte. Doch wären alle Angehörigen eines gemeinsamen Kulturkreises immer einhellig derselben Ansicht gewesen, so wäre es nie zu einer Veränderung im vorherrschenden Weltbild gekommen.

Deutlich über alle Kulturkreise, Kontinente und Zeiten hinweg wird, wie stark sich die Haltung des Menschen einem speziellen Wildtier wie dem Wolf gegenüber von heute auf morgen wandeln kann: zunächst noch ein gottbegleitendes Tier, fast selbst schon eine Gottheit – wie bei Indianern und Germanen –, später zum Sündenbock der Nation auserkoren, mit allen Konsequenzen wie der starken Verfolgung.

Für die letzten 100 bis 150 Jahre verschwand der Wolf aus den meisten Ländern Mitteleuropas – vorübergehend. Der Wolf zeigt besonders deutlich, dass am Untergang seiner Art die direkte Verfolgung Schuld war, unterstützt durch die Entwicklung weit reichender Schusswaffen. Das schwindende Habitatangebot könnte den Rückgang des Wolfsvorkommens zusätzlich verstärkt haben. Doch am Beispiel der Lausitz sieht man, dass geringer werdender Rückzugsraum und Nahrungsangebot in Deutschland vielerorts nicht die limitierenden Faktoren waren. Die Gegend, in der heute die Wölfe leben, hat sich im Vergleich zu der landschaftlichen Situation vor 200 Jahren kaum verändert.

Wenn der Wolf etwas zum Überleben nötig hat, »dann ist das vor allem ein großer Rückzugsbereich«, weiß Jana Schellenberg vom Kontaktbüro »Wolfsregion Lausitz« zu berichten. »Solch ein Tageseinstand kann für die Zeit, in der die Wölfe eher inaktiv sind und sich ausruhen, zum Beispiel ein großes Waldgebiet sein. Auf jeden Fall ist es ein Gebiet, das vom Menschen wenig frequentiert wird. Dieses Kriterium ist abzuleiten, wenn man sich anschaut, wo Wölfe leben. Es ist kein Zufall, dass der TÜP so attraktiv für die Wölfe ist. Drei der vier bekannten Lausitzer Wolfsrudel haben einen Teil ihres Revieres im TÜP und nutzen diesen vor allem tagsüber, um sich dort ungestört aufzuhalten. In der Nacht durchstreifen die Wölfe die Kulturlandschaft und manchmal laufen sie dabei auch an Häusern vorbei, so wie es auch von Rehen und Füchsen bekannt ist.«

Wir sitzen im kleinen Häuschen des »Erlichthofes«, in dem das Kontaktbüro eingerichtet ist. Durch das Fenster fällt Licht auf die Bücher und Aktenordner, die sich an den meisten Wänden hinauf stapeln. Eine topographische Karte in großzügigem Maßstab ist an der Wand hinter dem Rechner aufgespannt. Jana Schellenberg wirft einen Blick hinüber zur Karte und erzählt weiter: »Auch als Welpenaufzuchtsplatz wird der TÜP genutzt.« Sie verweist mit dem Finger kreisend auf das nördlich von Rietschen eingezeichnete Gebiet. »Und die Nahrungsgrundlage ist ebenfalls ausschlaggebend für die Eignung eines Gebietes als Wolfslebensraum. Ein ausreichender Wildbestand ist für eine langfristige Etablierung des Wolfes wichtig, wenngleich es auch Länder gibt wie Italien, in denen sich Wölfe in einigen Regionen eher von Abfällen und Haustieren ernähren. Doch als Hauptkriterium über all dem steht heute die Akzeptanz der Menschen.«

Jana und die Wölfe

Nie hat es einen stärkeren Pro-Wolf-Kult gegeben als gerade jetzt. Über keine andere Art wurden mehr Artikel und Bücher veröffentlicht als über den Wolf. Keine zweite Tierart, zumindest keine Wildtierart, weist eine höhere Zahl an Fanclubs und mehr oder weniger regelmäßig über sie abgehaltene Fachtagungen auf als der Wolf, ausgenommen vielleicht auf dem Sektor der Nutztierhaltung. Findet sich der Biber bereits auffällig häufig in Familien- und Ortsnamen wieder, so wird er darin noch um Längen vom Wolf übertroffen.

Vom derzeitigen großen Interesse weiß auch Jana Schellenberg zu berichten: »Aufs ganze Jahr gerechnet halten meine zwei Mitarbeiter und ich fast jeden Tag einen Wolfsvortrag – im Sommer sind es manchmal sogar zwei bis drei Vorträge täglich, im Winterhalbjahr weniger. Seitdem dieses Büro 2004 eingerichtet worden ist, steigt die Nachfrage stetig an. Allein im vergangenen Jahr 2007 haben sich etwa 6000 Personen in unseren Vortragsangeboten informiert. Möglicherweise kommt es hierbei zu einer Art Schneeballeffekt: Menschen, die einen unserer Vorträge besucht haben und denen er gefallen hat, erzählen anderen davon.«

»Wo finden diese Wolfsvorträge statt?«, möchte ich gern wissen. Und: »Kann man eine solche Veranstaltung buchen?« »Die Vorträge finden mehr oder weniger regional statt, überwiegend in einem Umkreis von bis zu 100 Kilometern. Die meisten Vorträge finden direkt vor Ort statt. Der Standort Rietschen für das Kontaktbüro Wolfsregion Lausitz wurde nicht zufällig gewählt: Zum einen gibt es hier die gut besuchte Erlichthofsiedlung, die aus Schrotholzhäusern besteht. Die Orte, in denen die Häuser ursprünglich standen, gibt es inzwischen nicht mehr. Sie wurden im Zuge des Braunkohleabbaus weggebaggert. Um die denkmalgeschützten Schrotholzhäuser zu erhalten, hat man sie aus den Bergbaugebieten abgetragen und an dieser Stelle wieder aufgebaut. Nach und nach ist daraus die Siedlung entstanden. Als letztes Haus ist die sogenannte ›Wolfsscheune‹ dazugekommen, in der Vorträge gehalten werden und eine Dauerausstellung zum Thema Wolf eingerichtet ist. Zum anderen liegt Rietschen mitten im Wolfsgebiet, so dass die Informations- und Aufklärungsarbeit direkt dort geleistet wird, wo die Menschen mit den Wölfen leben. Das Gebiet um Rietschen zählt zum Streifgebiet des Daubitzer Wolfsrudels.«

Natürlich möchte ich auch gern erfahren, wie Jana Schellenberg zu ihrem hochinteressanten und außergewöhnlichen Job gekommen ist. »Am Anfang war eigentlich nur das ›Wildbiologische Büro LUPUS‹, die beiden Biologinnen Gesa Kluth und Ilka Reinhardt, mit dem Monitoring, der wissenschaftlichen Beobachtung, der Wölfe beauftragt. Sie leisteten nebenbei auch Öffentlichkeitsarbeit«, sagt die junge, selbstbewusste Frau. »Doch als immer mehr Anfragen von Bürgern, Jägern, Schäfern und vonseiten der Behörden im Büro LUPUS eingingen, wurde der Aufwand für Öffentlichkeitsarbeit zu groß. Jemand, der draußen im Feld unter anderem damit beschäftigt ist, Wolfslosung zu sammeln und Spuren zu kartieren, kann nicht gleichzeitig Büro-

arbeit leisten, Interviews geben oder sich mit Schulklassen spannende Projekte ausdenken. Das Landratsamt des Niederschlesischen Oberlausitzkreises und das Sächsische Ministerium für Umwelt und Landwirtschaft entschlossen sich deshalb, im Jahr 2004 ein Büro eigens für die Informations- und Aufklärungsarbeit einzurichten – das Kontaktbüro Wolfsregion Lausitz. Es kam zu einer Arbeitsaufteilung zwischen dem Büro LUPUS, das weiterhin für Monitoring zuständig war, und dem Kontaktbüro Wolfsregion Lausitz, das seither die Öffentlichkeitsarbeit koordiniert. Beide Büros arbeiten eng zusammen. Denn die Daten und alle Informationen, die hier im Kontaktbüro verarbeitet werden, kommen letztlich vom LUPUS-Büro. Dort wird allen populationsbiologischen Fragen nachgegangen, was die Zahl der Wölfe, ihre jährlichen Reproduktionserfolge und ihre Streifgebiete betrifft, um nur einige Beispiele zu nennen. Das Kontaktbüro ist ein öffentliches Büro in der Trägerschaft des Landkreises und wird aus Mitteln des Freistaates finanziert.

Ich selbst bin dazu gekommen, indem ich mich beworben habe – es gab eine öffentliche Ausschreibung über das Landratsamt. Durch Amtsblätter und über die Zeitung habe ich davon erfahren. Man suchte jemanden, der aus dieser Region stammt, Hintergrundwissen zum Thema Wolf mitbringt und der die Entwicklung des Wolfsvorkommens der letzten Jahre verfolgt hat. Einen Jagdschein zu haben, war auch von Vorteil. Aus welchem Studienbereich derjenige kommt, war allerdings nicht konkret festgelegt. Es hätte beispielsweise auch jemand aus der Tourismus- oder Medienbranche sein können. Ich habe Forstwirtschaft studiert, bin aus dieser

Jana Schellenberg, Kontaktbüro »Wolfsregion Lausitz«

Region und habe einen Jagdschein. Ich habe scheinbar die richtigen Voraussetzungen mitgebracht und habe dann ab September 2004 diese Arbeit aufgenommen. Seitdem bin ich verantwortlich für den gesamten Bereich Öffentlichkeitsarbeit zum Thema Wolf.«

»Wie sieht seither Ihr tägliches Arbeitsfeld aus?«, frage ich neugierig. Doch bevor sie antworten kann, klingelt das Telefon. Auf der anderen Seite der Leitung berichtet eine aufgeregte Stimme von einer Wolfssichtung, ganz in der Nähe von Rietschen. Die Arbeit für Jana Schellenberg, die dann folgt, ist bereits Routine: Geduldig hört sie sich die Schilderung an und macht sich Notizen. Sie arbeitet als Kontaktperson für Fragen und Meldungen rund um den Wolf. Doch nicht immer beschreiben die Angaben durch Personen so detailliert und eindeutig einen Wolf wie dieses Mal.

Nach fünf Minuten ist das Telefonat beendet: »Das ist ein Teil meiner Arbeit.« Der Wolfsschutz hat ein schönes Gesicht bekommen, auch wenn Jana Schellenberg in aller Bescheidenheit sagt: »In erster Linie bin ich für die Menschen da, nicht für die Wölfe.«

Die Möglichkeiten der Öffentlichkeitsarbeit

Jana Schellenberg erzählt: »Es gibt verschiedene Mittel und Methoden, wie man die Informationen über den Wolf an die Bevölkerung bringt. Eine Methode sind die Vortragsangebote. Neben Vorträgen für angemeldete Gruppen gibt es regelmäßig auch öffentliche Vorträge. In den Vorträgen werden die Bürger über die Biologie und Lebensweise des Wolfes und den aktuellen Stand des Wolfsvorkommens sowie über Managementmaßnahmen informiert. Wir versuchen für eine möglichst große Transparenz zu sorgen. Wir informieren darüber, wie man Nutztiere schützen kann oder wie man sich verhalten soll, wenn man einen Wolf sieht. Die Diskussionen, die sich meist nach den Vorträgen ergeben, bieten eine gute und direkte Möglichkeit, die Menschen aufzuklären.

Eine weitere Methode zur Bekanntgabe von Informationen ist die Pressearbeit. Das Kontaktbüro ist eine zentrale Ansprechstelle für die Medien. Fernseh-, Radio- und Zeitungsredaktionen finden das Thema Wolf immer spannend. Wenn es keine offizielle Ansprechstelle geben würde, könnte es leicht passieren, dass sich die Medien unseriöser Quellen bedienen und dann womöglich falsch und unsachlich berichten. Da ist es besser, Informationen über die Lausitzer Wölfe direkt über unser Büro zur Verfügung zu stellen. Darüber hinaus bieten wir einen Newsletter und Faltblätter als Informationsmöglichkeiten an. Inzwischen besteht auch eine rege Zusammenarbeit mit vielen Schulen in der Niederschlesischen Oberlausitz. Der sogenannte ›Fächerverbindende Unterricht‹ bietet den Lehrern genügend Spielraum, um mit den Schülern bestimmte Themen in unterschiedlichen Fächern zu bearbeiten. Den Wolf zum Beispiel kann man in Biologie, Deutsch, Geschichte, Geografie und vielen anderen Fächern thematisieren.«

Dieses »Wolfsprojekt«, erzählt sie, könne man dann gemeinsam mit den Lehrkräften vor-

Begriffe: Monitoring und Management von Wildtieren

Unter dem **Monitoring** von Wildtieren versteht man eine Langzeitstudie. Der Begriff kann alle Arten der systematischen Erfassung bezeichnen, von der reinen Beobachtung eines Vorgangs oder Prozesses bis hin zum Einsatz von Hilfsmitteln recht unterschiedlicher Technik (z. B. Sendehalsband, Detektor usw.). Dabei werden Daten der Häufigkeit und Verbreitung einer Art, des Standortes oder des Gesamtzustandes eines Lebensraumes erfasst und gesammelt, fortlaufend überprüft und überwacht.

Die Schwerpunkte im **Management** von Wildtieren können im Monitoring, in der Öffentlichkeitsarbeit und Information sowie in der Schadensprävention liegen, Letzteres gilt besonders für den Umgang mit dem Wolf in Mitteleuropa.

bereiten und ihnen damit helfen, den Unterricht zu gestalten. Am Ende der Projektarbeit findet meist eine Wolfsexkursion vor Ort statt. Ihre tägliche Arbeit setzt sich also aus Kinder- und Erwachsenenarbeit gleichermaßen zusammen.

Faszination Wolf

»Welche persönliche Verbindung haben Sie zum Wolf? Gehören Sie selber auch der Wolfsfangemeinde an?«, frage ich. »Eigentlich gar nicht«, meint Jana Schellenberg. »Ich bin kein Wolfsfan. Ich habe mein Zimmer nicht mit Wolfsplakaten tapeziert oder so. Ich muss auch sagen, dass ich das Thema Wolf ganz sachlich und nüchtern betrachte. Das Kontaktbüro hat nicht die Funktion, Werbung für den Wolf zu machen, sondern sachlich zu berichten, was wir über Wölfe und ihr Vorkommen in Deutschland wissen, und zwar ohne Partei zu ergreifen. In dem Für und Wider bei der Diskussion um den Wolf nehme ich eine vermittelnde, ausgleichende Position ein.

Die Faszination, die viele Menschen für den Wolf empfinden, kommt, glaube ich, daher, dass wir Menschen in der Lage sind, sein Verhalten und seine ausgeprägte Mimik und Gestik zu interpretieren. Es ist ja auch nicht ohne Grund so, dass der Hund der beste Freund des Menschen ist. Im Gegensatz zu vielen anderen Tierarten zeigen Wölfe Verhaltensweisen, die wir verstehen und nachvollziehen können. Die Lebensweise des Wolfes in einem Familienverband ist unserer eigenen Lebensweise nicht unähnlich. Geheimnisvoll wirkt der Wolf auf viele Menschen, weil er sehr heimlich lebt und selten zu sehen ist.«

»Was erhoffen Sie sich von ihrer Arbeit?«, interessiere ich mich.

Jana Schellenberg antwortet: »Auf der einen Seite gibt es die Wolfsbefürworter und auf der anderen die Wolfsgegner. Zum Teil argumentieren beide Seiten mit nicht ganz sauberen Argumenten. Sachlichkeit ist aber die Grundlage für jede Diskussion. Meine Arbeit soll vor allem dazu beitragen, diese Sachlichkeit in die Diskussion zu bringen. Das entspricht auch meiner persönlichen Einstellung, so dass ich mich nicht groß verbiegen muss.

Für mich ist der Wolf ein ganz normales Wildtier, das genauso hierher gehört wie jedes andere heimische Tier. Gleichwohl nimmt der Wolf eine bestimmte, vielleicht auch herausgehobene Stellung im Ökosystem ein – es ist bekannt, dass der Wolf als Spitzenprädator an der Spitze der Nahrungspyramide fungiert. Er übt seit Urzeiten als natürlicher Gegenspieler der pflanzenfressenden Wildtiere eine wichtige Funktion im Ökosystem aus. Das allein sollte aber nicht der Grund sein, dem Wolf eine Daseinberechtigung zuzusprechen, sondern unabhängig von seinem Nutzen für das Ökosystem oder für den Menschen sollte jedes Tier eine Daseinberechtigung haben.

Das Ziel des Wolfsmanagements ist ein konfliktarmes Nebeneinander von Mensch und Wolf; und dafür sind bestimmte Maßnahmen notwendig. Eine Maßnahme ist die Aufklärung der Bevölkerung. Wir versuchen, den Menschen die Angst zu nehmen und die Nutztierhalter beim Schutz der Schafe und Ziegen zu unterstützen. Wir verstehen die Umweltbildung als langfristige, nachhaltige Investition in die Zukunft. Die nachfolgenden Generationen sollen nicht mit den Ängsten und Vorurteilen unserer Generation aufwachsen, sondern ganz natürlich mit dem Wolf vertraut sein. Sie sollen den Wolf als Tierart verstehen, seine Biologie und Lebensweise kennen und nicht nur die Märchen und Geschichten, die man über ihn erzählt.«

Der Wolf im Paragraphenwald

Der Wolf ist seit der innerdeutschen Grenzöffnung streng geschützt. Zuvor kamen viele frisch aus Polen zugewanderte Wölfe aufseiten der DDR ums Leben. Entweder sie wurden überfahren oder, was weit häufiger vorkam, erschossen. Doch seien wir ehrlich: Hätte einer der Wölfe es bis in den Westen geschafft, so hätte ihn hier das gleiche Schicksal ereilt.

»Vom Gesetz her ist für den Schutz des Wolfes zumindest in Deutschland nahezu alles ausgeschöpft«, sagt Jana Schellenberg nachdenklich. »Wer gegen den strengen Schutz dieser Tierart verstößt, der hat mit einer empfindlichen Geld- oder Gefängnisstrafe zu rechnen. Doch ist der gesetzliche Schutz das Eine und die Umsetzung das Andere. Man braucht sich nur die Statistik anzuschauen, wie viele illegale Abschüsse es seit 1990 noch gegeben hat. Diese Abschüsse haben sicher ihren Teil dazu beigetragen, dass erst im Jahr 2000 die erste Reproduktion eingesetzt hat, obwohl der Schutz bereits 1990 eingerichtet worden war.

Es sind vor allem Jäger, die den Wolf ablehnen – also nicht die Schäfer oder die Tierhalter im Allgemeinen, wie vielleicht zu erwarten wäre. Und zwar, weil sie einen Konkurrenten in ihm sehen. Dieser Konflikt ist alt – man findet ihn in jedem Wolfsgebiet, in dem Jagd praktiziert wird. Nicht alle Jäger stehen dem Wolf negativ gegenüber; es kommt darauf an, wie die Jäger die Jagdausübung verstehen beziehungsweise welche Jagdmotive sie haben. Ein Jäger, der die Jagd im Sinne des Jagdgesetzes versteht, in dem es darum geht, einen gesunden Wildbestand in einer dem Wald und der Landwirtschaft angepassten Dichte zu erhalten, wird im Wolf zumeist einen Jagdpartner sehen und ihm wohlgesonnen sein. Solche Jäger empfinden den Wolf nicht als große Konkurrenz, da sie erkennen, dass er in andere Segmente der Schalenwildpopulation eingreift als die, die für den Jäger besonders interessant sind. Es sind selten starke Tiere und Trophäenträger, die vom Wolf gerissen werden, sondern vielmehr solche Tiere, die der Jäger im Rahmen seiner Hegebemühungen ebenfalls beseitigen würde.

Die Jäger allerdings, die möglichst viele Abschüsse machen wollen, haben Probleme mit dem Wolf. Wenn Wölfe einen Teil des Wildbestandes verbrauchen und sich ihre Anwesenheit und ihr Jagderfolg in einer sinkenden Jagdstrecke für den Jäger niederschlagen, dann wird es kritisch. Im Jagdgesetz ist allerdings geregelt, dass Wild herrenlos ist. Der Jäger hat lediglich ein Aneignungsrecht, wenn er Wild erlegt hat. Aber er besitzt keinen Anspruch auf gleichbleibende Jagdstrecken.

Wenn Wölfe Wild reißen, was normal ist, weil sie davon leben, und manche Jäger sich dann ausrechnen, wie viel Geld ihnen dadurch abhanden gekommen ist, kann etwas in ihrem Verständnis der Jagd nicht stimmen. Dieser Konflikt lässt sich nicht beilegen, indem man diese Jäger über Biologie und Lebensweise des Wolfes aufklärt; für sie ist es einfach eine negative Tatsache, dass Rehe, Hirsche und Wildschweine gerissen werden und die Jagd in Wolfsgebieten schwieriger ist, weil sich das Wild in seiner Raumnutzung umstellt.«

Deutsche Wölfe?

»Wie oft haben Sie Wölfe selber draußen gesehen?«, frage ich Jana Schellenberg.

»Nur einmal, im Sommer 2006: Ein Welpe lief über eine Panzerschneise im TÜP Oberlausitz und an einem Hochsitz vorbei, auf dem ich saß. Er hat nichts von mir mitbekommen, und so soll es ja auch sein. Er lief dann weiter in Richtung ›Rendezvousplatz‹, so wird der Ort genannt, an dem sich die Welpen aufhalten, während sie auf die Altwölfe warten. Dort traf er dann wieder mit seinen Geschwistern zusammen. Ein anderes Mal wurde ein Wolf in einer riesigen Kastenfalle von etwa vier Metern Länge und zwei Metern Höhe von einem Jäger unbeabsichtigt gefangen. Das passierte im Revier des Nochtener Rudels. Der Jäger informierte das Büro LUPUS, und wir sind dann hin und haben die Gelegenheit genutzt, den Wolf zu narkotisieren, ihn zu untersuchen und mit Sendehalsband ausgestattet wieder auf freien Fuß zu setzen.«

»Sie sprechen vom Nochtener Rudel – wie viele Rudel existieren denn momentan auf deutscher Seite?«, frage ich neugierig.

»Aktuell (Sommer 2008) leben nach unserem Kenntnisstand vier Wolfsrudel im Sächsischen Teil der Lausitz. Das Gebiet der Lausitz erstreckt sich bundeslandübergreifend im Norden bis nach Brandenburg hinein. Im Osten an der Grenze zu Polen lebt derzeit das Daubitzer Rudel, westlich daran angrenzend das Nochtener Rudel, und noch weiter westlich davon das Neustädter Rudel. Das Milkeler Rudel, das erst seit diesem Jahr existiert, hat sein Revier südlich des Neustädter Rudels. Hinzu kommt noch ein Wolfspaar in der Zschornoer Heide in Südbrandenburg. Insgesamt wird der Wolfsbestand auf ca. 40 bis 50 Wölfe geschätzt, wovon etwa die Hälfte Jungtiere sind. Um wie viele Wölfe es sich genau handelt, können wir erst abschätzen, wenn wir wissen, wie viele Welpen in den einzelnen Rudeln geboren und aufgewachsen sind. Die Rudel bestehen aus einem Elternpaar, den diesjährigen Welpen und Jungtieren vom Vorjahr. Andere erwachsene Wölfe zählen nur mit Ausnahmen zum Rudel. Das kann zwar vorkommen, entspricht aber nicht der normalen Familienstruktur, die wir hier beobachten.«

Mir kommt das sehr sonderbar vor, denn aus Amerika ist bekannt, dass sich zumindest saisonal sehr große Rudel zusammenschließen können. Rudel von bis zu 30 Mitgliedern und mehr sind dabei keine Seltenheit. Darum frage ich nach: »Wenn man einen Vergleich zu Wolfsrudeln anstellt, die man aus Amerika kennt, fällt auf, dass es sich bei den in Deutschland lebenden Wölfen um Tiere handelt, die in eher kleinen Rudeln gebunden sind. Denken Sie, das könnte mit dem Pionierstadium, in dem sich die Wölfe derzeit noch befinden, im Zusammenhang stehen? Die Wölfe sind noch relativ neu zurück in Deutschland, haben um sich freies, unbesetztes Terrain und sind gerade im Begriff, sich auszubreiten.«

»Wir denken, es handelt sich um die normale Familien- und Sozialstruktur beim Wolf in Mitteleuropa«, antwortet Jana Schellenberg. »Und das ist sicherlich auch in Anpassung an die Beutetiere zu sehen. In den USA zählt auch der Bison zum Beuteangebot, und da macht es Sinn, dass neben einem Elternpaar und dessen Nachkommen auch fremde erwachsene Wölfe im Rudel leben. Damit verfügt das Rudel über mehrere jagderfahrene Wölfe. Bei uns sind es im Prinzip nur die Eltern, die viel Jagderfahrung haben. Die Jährlinge sind gerade im Begriff, die Jagd zu lernen. Und die Welpen haben überhaupt noch keine Erfahrung in dieser Hinsicht. Um erfolgreich auf Rehjagd zu gehen – das Reh ist die Hauptbeute der Lausitzer Wölfe – reichen ein, zwei Wölfe aus. Es bedarf keiner ausgefeilten Jagdstrategie, im Gegensatz zu einer Jagd auf Elche oder Bisons. Und darum vermuten wir, dass unter den Bedingungen, die wir hier haben, Wölfe normalerweise in solchen Kleinfamilien leben.«

Ich frage nach: »Wenn die Rudelgröße unter anderem in Abhängigkeit zur Nahrungssituation stehen soll, würden Sie dann daraus schließen, dass die Wölfe auf ein verändertes Beutetierangebot mit einem Umbau ihrer Sozialstruktur reagieren könnten? Man muss dabei vielleicht im Hinterkopf behalten, dass es noch vor 10.000 bis 30.000 Jahren ganz andere Tiere hier in Deutschland gegeben hat. Großtiere wie Mammut, Elch und Wildpferd waren vorhanden, aber auch Rothirsch, Saiga und Rentier zogen in großen Populationsstärken durchs Land. Darüber geben Fossilfunde deutlich Auskunft. Wäre es denkbar, dass Wölfe zu der Zeit in größeren Rudelverbänden in Anpassung an die damalige Nahrungssituation gelebt haben?«

»Wäre gut möglich«, meint Jana Schellenberg. »Ich glaube schon, dass Familienstruktur und Rudelgröße eine Anpassung an die Nahrungssituation sind und an die Wehrhaftigkeit der vorhandenen Beutetiere. Und unter diesen Bedingungen, die wir hier vorfinden, bei der Rehe die Hauptbeute der Wölfe sind, hat sich offenbar die Variante, als Kleinfamilie zu leben, durchgesetzt. In so einer Kleinfamilie gibt es nur zwei erwachsene Wölfe, nämlich die Eltern, und diese sind territorial und verteidigen ihr Revier gegenüber fremden Artgenossen.

Welpengruppe

Nach unserem Kenntnisstand bleiben die Nachkommen bis zum Alter von ca. zwei Jahren im elterlichen Rudelverband. Bei der Abwanderung hält der junge Wolf Ausschau nach einem unverwandten Paarungspartner. Und den kann er nur außerhalb des elterlichen Reviers finden. Die Abwanderung der Jungtiere sichert den Eltern ein nachhaltiges Überleben in ihrem Revier und die Möglichkeit, sich jedes Jahr erneut fortzupflanzen. Wenn die Jungtiere das elterliche Gebiet nicht verlassen würden, gäbe es irgendwann zu viele Wölfe in dem Gebiet, und die Nahrung würde nicht mehr ausreichen.

In Nordamerika handelt es sich eben um eine andere, momentan nicht mit Deutschland vergleichbare Situation. Weltweite Freilandforschungen haben aber gezeigt, dass der Wolf ein besonders breites Spektrum besitzt in Bezug auf sein Sozialverhalten und seine Rudelzusam-

Rudelbild

mensetzung. Es gibt alle Varianten: Mal lebt er monogam, mal polygam, er kann streng territorial sein oder auf ein Revier verzichten – und vom Leben in einer Kleinfamilie bis hin zum Leben in großen Rudelverbänden, in denen viele unverwandte Wölfe sich miteinander arrangieren, gibt es alle Übergänge. Dabei handelt es sich auch immer um Anpassungen an die jeweilige Lebensraumsituation.«

»Könnte es sich bei solchen Anpassungsformen um individuell erworbenes Verhalten handeln, für das keine genetische Fixierung zugrunde liegt?«, frage ich. »Ja, genau, das denke ich«, antwortet die Wolfsexpertin.

»Wenn Erworbenes vielleicht sogar an andere Generationen weitergegeben wird, so würde es doch für Kultur beim Wolf sprechen?«

Über die Grenzen hinaus

Die Wölfe auf der deutschen Seite sind in den vergangenen Jahren eindeutig aus Polen herüber-gewechselt, bis auf die, die bereits hier geboren wurden. Darum frage ich nach dem internatio-nalen Austausch im Wolfsschutz über die Grenzen hinaus? Und: »Wie sehen Sie die Zukunft des Wolfes und des Wolfsschutzes in Deutschland?«

»Intensiver Austausch besteht natürlich und ist auch nötig. Man kann diese ›deutsche‹ Teil-population nicht isoliert betrachten. Über die Grenzen hinaus gehören die Wölfe zu einer deutsch-polnischen Reproduktionsgemeinschaft. Der Schutz des Wolfes kann nur grenzüber-greifend erfolgen. Die Entwicklung des Vorkommens auf deutscher Seite ist abhängig davon, wie sich die Wölfe in Polen entwickeln. Wir haben Kontakt zu den polnischen Wolfsforschern und freuen uns über die Informationen von ihnen. Es ist gut zu wissen, wo sich das nächste Vor-kommen auf polnischer Seite befindet. Die internationale Zusammenarbeit darf aber nicht nur auf dieser untersten Arbeitsebene stattfinden; hier ist auch die Politik gefragt. Auf politischer Ebene könnte zum Beispiel auf die Infrastrukturentwicklung bzw. -planung Einfluss genommen werden. Beim zukünftigen Ausbau der Infrastruktur sollte darauf geachtet werden, keine zu-

Braunkohlekraftwerk im modernen Wolfsland

sätzlichen Barrieren zu schaffen, die den Populationsaustausch für Wölfe und andere Wildtiere erschweren. Und wenn es nicht zu vermeiden ist, sollten wenigstens Wildbrücken und -tunnel an geeigneten Stellen gebaut werden.

Solche entscheidenden Dinge können nicht von unseren Büros aus geleistet werden. In Sachsen beginnt bald die Arbeit an einem Managementplan, in dem in Abstimmung mit verschiedenen Interessengruppen Grundlagen zum Umgang mit Wölfen in Sachsen festgelegt werden. Das Ziel sollte aber am Ende ein bundesweiter Managementplan sein, der bundeslandübergreifend Festlegungen zum Beispiel hinsichtlich einer einheitlichen Schadensregulation bei Rissen von Nutztieren beinhaltet. Denn der Wolf kennt keine Grenzen.

Wenn man sich allerdings die Verkehrsplanung in Deutschland für die Zukunft anschaut, dann könnte man schon pessimistisch werden. Aber grundsätzlich hat der Wolf ein sehr großes Ausbreitungspotenzial. Es sind Beispiele von abwandernden Jungwölfen bekannt, die eine Streckenleistung von über 1000 Kilometern zurückgelegt haben. Dies wurde über telemetrische Erfassungen eindeutig nachgewiesen. Sie können also plötzlich in Gebieten auftauchen, in denen kein Mensch sie erwartet. Wölfe sind enorm anpassungsfähig und kommen in Kulturlandschaften gut zurecht. Diese Tatsache wird auch deutlich, wenn man in andere europäische Länder schaut. Heute leben wieder ungefähr 20.000 Wölfe in Europa, und viele davon in Kulturlandschaften, die dem Lausitzer Wolfsgebiet hinsichtlich Bevölkerungsdichte und Infrastruktur ähnlich sind.«

Frauen und Wölfe

Ich stelle meine vorletzte Frage vor dem Hintergrund, dass ein auffällig hoher weiblicher Anteil unter den Besuchern auf Wolfstagungen und selbst unter den Praktikanten an Hundeausbildungsstätten vertreten ist: »Glauben Sie, dass es eine bestimmte ›Mehr-Sympathie‹ zwischen Frau und Wolf als zwischen Mann und Wolf gibt?«

Jana Schellenberg antwortet zurückhaltend: »Kann ja sein, dass sich Frauen mehr für das Thema Wolf interessieren als Männer. Ich persönlich bin durch ein allgemeines Interesse am Natur- und Artenschutz zu meiner Tätigkeit gekommen. Ich bin auch als ehrenamtliche Naturschutzhelferin daran interessiert, intakte Lebensräume und die hiesige Artenvielfalt zu bewahren. Jede Tierart sollte die Chance haben, ihre ökologische Nische zu besetzen.«

»Wann rechnen Sie mit den ersten in Freiheit geborenen Wolfswelpen für Schleswig-Holstein, Hamburg oder Niedersachsen?«, möchte ich abschließend wissen.

Da lacht Jana Schellenberg: »In Mecklenburg-Vorpommern zeichnet sich bereits ab, in welchen Regionen sich Wölfe als nächstes erfolgreich etablieren könnten. Zwei Gebiete sind dort inzwischen bekannt, in denen einzelne, territoriale Wölfe vorkommen. Falls die Einzelgänger einen Partner finden, dann könnte sich in Mecklenburg-Vorpommern bald ein Rudel bilden. In Brandenburg gibt es bereits ein Wolfspaar, allerdings noch keinen Welpennachweis. Die Gründung von weiteren Rudeln in anderen Bundesländern ist sehr wahrscheinlich.

Einzelwölfe wurden neben Mecklenburg-Vorpommern und Brandenburg in jüngster Vergangenheit auch in Hessen, Schleswig-Holstein und Bayern nachgewiesen. Oft werden wandernde Wölfe überfahren, da sie meist weite Strecken zurücklegen und entsprechend häufig stark frequentierte Fahrbahnen überqueren müssen. Oder sie verschwinden klammheimlich ...«

Dann fällt mir doch noch eine Frage ein: »Ein neuer Trend hat eingesetzt. Er befürwortet zwar nicht die frühere offene Waldweide, um die Haustiere zu mästen. Jedoch sollen hier ehemalige Weidegänger wie Ur und Wildpferd oder ersatzweise Hausrind und Hauspferd in großem Maßstab grasend die Landschaft offen und die Vegetation kurz halten zugunsten der Artenvielfalt. Dieser Trend hat von Westen her kommend eingesetzt und besonders in den Niederlanden für Furore gesorgt. Diese neuen Beweidungskonzepte sind so angelegt, dass die Herden sich dabei selbst überlassen bleiben, ohne selektiven Eingriff durch den Menschen, entsprechend auch ohne Hirten, Hütehund und Nachtpferch. Die Weidetiere bestimmen allein ihren Tages- und Nachtrhythmus. Sie sind also 24 Stunden unbeaufsichtigt. Die Wölfe breiten sich von Osten her kommend in genau entgegengesetzter Richtung aus. Befürchten Sie da kein Konfliktpotenzial?«

»Schaf- und Ziegenherden, die in der Landschaftspflege eingesetzt werden, gibt es auch im Lausitzer Wolfsgebiet. Doch die Nutztiere müssen über Nacht in gesicherten Nachtpferchen oder Nachtkoppeln gehalten werden, sonst sind sie durch Wölfe gefährdet.«

Indikator der Herzen

Der Wolf ist und bleibt ein Tier der Superlative. Er ist Ubiquist, Opportunist und Generalist. Man kann ihn mit Recht als Ubiquist bezeichnen, denn er kommt in verschiedenen Lebensräumen ohne erkennbare Bindung vor. Er ist ein Opportunist, wenn es darum geht, den Vorteil des Augenblicks über seine »Überzeugung« zu stellen beziehungsweise die wechselnden Umstände zum eigenen Vorteil auszulegen. Als Generalist ist der Wolf in der Lage, eine Vielzahl sehr unterschiedlicher Umweltbedingungen für sich zu nutzen. Er ist weder auf eine bestimmte Nahrungsressource spezialisiert noch auf einen bestimmten Lebensraumtyp.

Sein Bedürfnis an Fläche ist groß. Doch scheint der Wolf über Rückzugswinkel und ein ausreichendes Nahrungsangebot hinaus nur geringe Ansprüche an seine Umwelt zu stellen. Er geht kurzweilige oder lebenslange Partnerschaften ein. Seine Welpen scheinen ausgedehnte Sandflächen zum Spielen zu lieben. Und natürlich benötigt der Wolf ausreichend Wasser zum Trinken, Kühlen und Baden, besonders in den Sommermonaten.

Eine mobile Art wie der Wolf kann innerhalb eines relativ kurzen Zeitraums sehr unterschiedliche Kleinbiotope passieren, auf die die wirklichen Spezialisten im Tierreich angewiesen sind. Er wechselt aus dem Wald, in dem Totholz bewohnende Käfer leben, hinaus auf die halboffenen Sandflächen, auf denen Wiedehopf und Sandlaufkäfer einander begegnen. Dabei durchstreift er den Übergang zwischen Wald- und Offenland, auf dessen Saumgesellschaften bestimmte Spinnen angewiesen sind. Sie alle taugen hundertmal mehr als Indikatoren für bestimmte Lebensraumqualitäten als der Wolf.

Der Wolf zeichnet sich indessen im Vergleich zu vielen anderen Tierarten durch seine hohe Anpassungsfähigkeit aus. Er eignet sich daher kaum zur Leitart wie Fischotter und Weißstorch, und wirkt auch nicht landschaftsprägend wie der Biber. Und sein Effekt auf die Wildbestände wird meist maßlos übertrieben für beide Richtungen dargestellt: Aufgrund ihrer natürlichen Seltenheit dürften Prädatoren unter natürlichen Verhältnissen wohl kaum in der Lage sein, zur Gesunderhaltung ihrer Beutetiere beizutragen oder ihnen Schaden zuzufügen.

Oft sind Freilandstudien zur Frage der gegenseitigen Einflussnahme von Beute und Beutegreifer aufeinander nicht mehr unter den Bedingungen grenzenloser Wildnis möglich. Die meisten Landschaften wurden inzwischen nachhaltig vom Menschen verändert. Die wenigen verbliebenen Naturräume sind in ihren Ausmaßen stark eingeschränkt. Außerdem verfügen die meisten dieser Studien über eine zu geringe Laufzeit, um reelle Aussagen treffen zu können.

Seine hohe Anpassungsfähigkeit und Lernfähigkeit machen den Wolf und sein Verhalten so schwer einschätzbar. Diese Eigenschaften erleichtern aber nicht gerade die Schutzbemühungen für ihn. Doch machen gerade sie ihn so unerhört attraktiv für die Menschen, die sich mit ihm auseinandersetzen. Es soll an dieser Stelle nicht verschwiegen werden, dass im gleichen Maß wie die Fangemeinde die Gegnerschaft des Wolfes wächst. Allein sein Geheimnis wird es wohl bleiben, wie er es immer wieder schafft, die Menschen dazu zu bringen, sich mit ihm zu beschäftigen.

Der Wolf ist nur *eine* Tierart der ursprünglichen Fauna Deutschlands – nicht mehr und nicht weniger. Er zeigt uns aber in seiner unnachahmlichen Art, welchem Irrtum der Mensch aufsitzt in seiner Forderung und in seinen Träumen nach »Wildnis« und »unverfälschter Natur«, wenn es darum geht, dem Wolf bestmöglichen Schutz angedeihen zu lassen: Gerade der Wolf ist wenig wählerisch. Der Grund seiner zwischenzeitlichen Ausrottung lag in der direkten Verfolgung. Heute bereiten dem Wolf das zunehmende Verkehrsaufkommen und die immer noch währende mangelnde Akzeptanz in manchen Bevölkerungsgruppen die größten Probleme.

Der Wolf taugt also nicht als Bioindikator einer Landschaft. Doch wenn man unbedingt etwas an ihm festmachen will, dann könnte man an seinem Vorkommen oder Nicht-Vorkommen

Autor im Wolfsland

den Grad der Akzeptanz ablesen, den die Menschen einer ganzen Region für ihn aufbringen. Das Dilemma zwischen Wolf und Mensch ist nicht die Stellung zwischen seiner Natur und unserer Kultur, sondern die oftmals mangelnde Akzeptanz unterschiedlicher Kulturen zueinander. So kann er zum Indikator der Herzen geraten.

Nur die Unwissenheit
kann zur Angst vor
solcher Kreatur,
die wir Wolf nennen,
führen.
Seid froh, wenn es
bei Euch dank
mangelnder Unwissenheit
nicht zur Angst
reicht.

Micha Dudek, 1983

Merkmal-Katalog Wolf (*Canis lupus* Linné, 1758)

Synonyme: Meister Isegrim
Assoziation: Heulen; Vorfahr aller Hunde (»Hauswölfe«); in der Mythologie sehr wechselhaft besetzt: von böse, faul und despotisch über dumm, habgierig, sexistisch und unersättlich bis zu gut, klug und fürsorglich; bei Naturvölkern ebenso wie in der modernen Gesellschaft hohe Emotionen auslösend; Rudeltier par excellence; hohe Anpassungsfähigkeit; Intelligenz und soziale Begabung
Systematik: Klasse: Säugetiere (*Mammalia*) – Ordnung: Beutegreifer (*Carnivora*) – Familie: Hunde (*Canidae*)
Verbreitung: Früher nahezu über die gesamte nördliche Erdhalbkugel verbreitet
Lebensraumtypen: Bewohnt fast alle Lebensräume von Laubwald über Baumsteppe bis hin zu reinem Grasland. Entscheidend für das Vorkommen des Wolfes in der Kulturlandschaft sind ein ausreichendes Nahrungsangebot und ruhige Tageseinstände.
Körper: Sinne wie Augen, Ohren und Nase Gerüchten entgegen alle gut entwickelt, besonders gut aber sind Geruchssinn und Gehör. Die Schulterhöhe variiert abhängig von Unterart und Geschlecht zwischen 50 und 100 Zentimetern bei einer Kopf-Rumpf-Länge von 100 bis 160 Zentimetern und einer Schwanzlänge von 30 bis 50 Zentimetern. Je nördlicher die Wölfe leben, desto deutlicher werden die Unterschiede zwischen Sommer- und Winterfell. Europäische Wölfe sind untereinander sehr viel einheitlicher gezeichnet und gefärbt als ihre nordamerikanischen Vertreter. Auffällig ist ihre Gesichtsmaske, die ein starkes Mimikspiel erlaubt. Die Augenfarbe aller Wölfe bewegt sich zwischen einem sehr hellgelben und dunkelbraunen Ton. Die Vorderfüße sind größer und breiter als die hinteren. Die ausgefeilte Körpersprache dient dazu, Stimmungen so auszudrücken, dass sie auch von anderen Wölfen verstanden werden können. Dabei spielen neben dem Gesicht die Ohrenstellung und die Haltung des Schwanzes sowie des gesamten Körpers eine große Rolle.
Gewicht: Stark variabel: 20 bis 60 Kilogramm in Europa, in Nordamerika rezent größer und schwerer, Rüden (♂♂) werden dabei deutlich schwerer als Fähen (♀♀).
Biologie: Die Ranzzeit liegt in Mitteleuropa im Spätwinter. Nach etwa 63 Tagen werden in der Regel vier bis acht Welpen mit einem Gewicht von ca. 500 Gramm noch blind in einer Höhle geboren. Mit zwölf bis vierzehn Tagen öffnen sich die Augen. Mit etwa drei Wochen verlassen

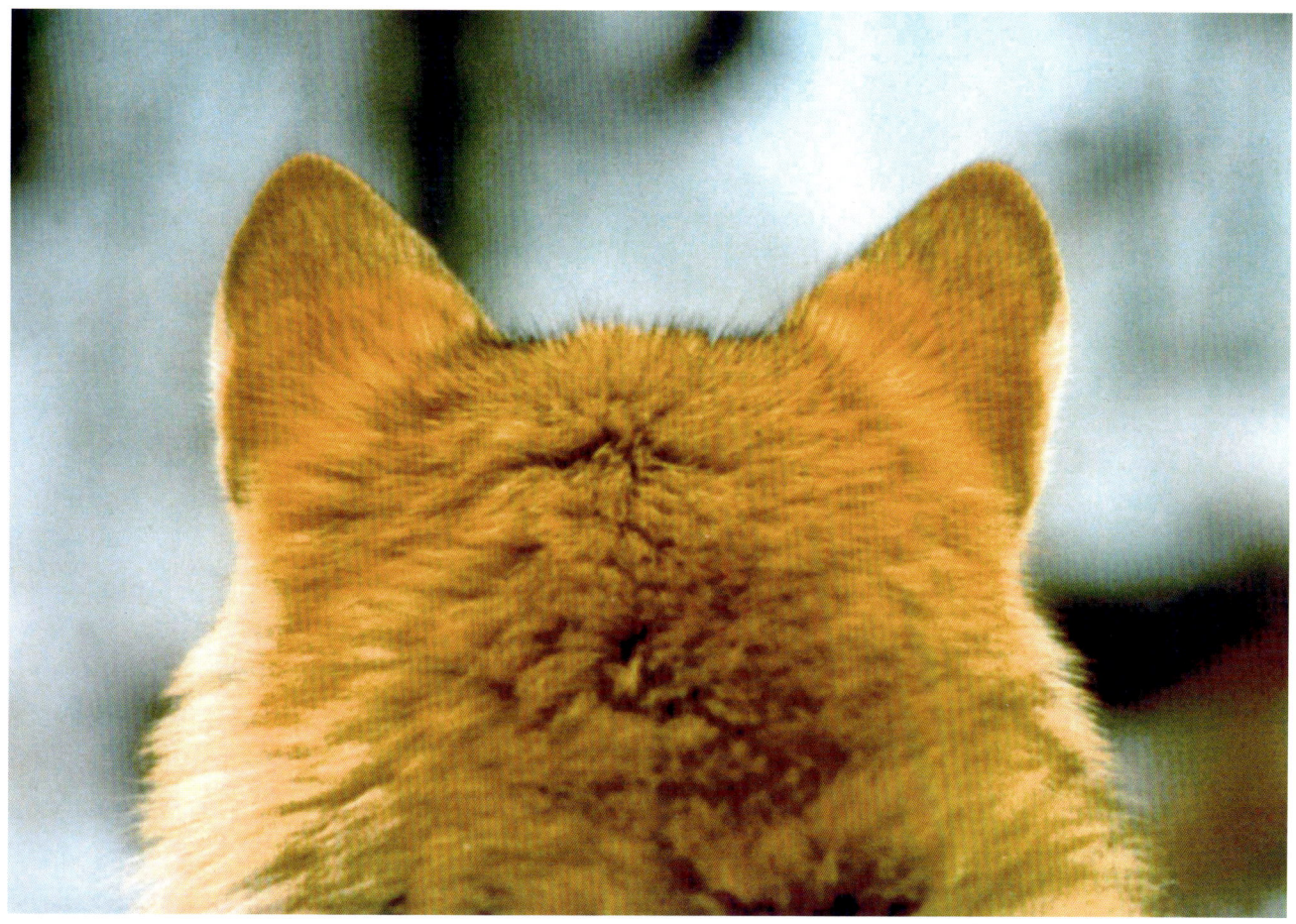

die Welpen das erste Mal ihren Bau. Die Stillzeit beträgt höchstens zwölf Wochen; erste feste Zusatzkost wird ab etwa der vierten Lebenswoche gegeben. Soziales Spiel der Welpen ist für deren Entwicklung wichtig. Die Ausbildung der jeweiligen Sozietät ist von vielen Faktoren abhängig wie Gefangenschaft oder Freiheit, dort Bejagung und Nahrungsangebot, Dichte und Größe der Beutetiere berücksichtigend. Außerdem hängt die Sozialstruktur und Rudelgröße davon ab, ob sich Wolfspopulationen im »Pionierstadium« (also gerade in der Ausbreitung) oder in einem traditionellen, »wolfsgesättigten« Gebiet befinden. Wölfe zeigen dabei alle Übergänge von ausgeprägtem Wanderverhalten und strenger Territorialität, Monogamie und Polygamie, Leben als Einzelgänger, in Kleinfamilien und großen Rudeln. Zur Reviermarkierung dient Harnen und Koten sowie Heulen im Verband oder einzeln.

Ernährung: Hauptsächlich karnivor (fleischessend). Der Wolf jagt dazu – einzeln oder im Rudelverband – verschiedene Tierarten, vor allem aber Huftiere wie Hirsche, Antilopen und Wildschweine. Dennoch kann er sich auch in der Ernährung opportunistisch verhalten und seinen Speiseplan vielseitig gestalten. Reifes Obst wie Pflaumen, Birnen und verschiedenes Beerenobst kann dann genauso dazu gehören wie Küchenabfälle auf Müllhalden.

Bestand: Nachdem Wölfe auf deutschem Gebiet zuletzt Anfang des 20. Jahrhunderts geschossen worden waren, wanderten einige Tiere, aus Polen kommend, erneut in den 1950er-Jahren nach Deutschland ein und erreichten hier Niedersachsen, wo sie ebenfalls wieder erschossen wurden. Neu ist die Einwanderung also nicht. Doch erst seit 1990 stehen die Wölfe in Deutschland unter Schutz, mit dem Erfolg, dass der erste hier geborene Nachwuchs im Jahr 2000 im Gebiet der Lausitz nachgewiesen werden konnte. Insgesamt leben ca. 50 Tiere aktuell auf beiden Seiten der Oder. Dazu kommen vereinzelte Wolfsnachweise aus weiteren Bundesländern wie Bayern, Niedersachsen, Schleswig-Holstein, Hessen, Brandenburg und Mecklenburg-Vorpommern. Für ganz Europa wird ein Bestand von 20.000 Wölfen angenommen. Die Schätzung für den weltweiten Bestand beläuft sich derzeit auf unter 200.000 Individuen.

Quo vadis? – Wohin gehst Du?

Schutzstatus: Im Bundesnaturschutzgesetz (BNatSchG) als »streng geschützte« Art geführt. In Deutschland aus dem Jagdrecht genommen. In »Rote Liste Deutschland« immer noch als »ausgestorben« geführt. Nach »Berner Konvention« in Anhang II geführt (streng geschützte Tierart, deren Fangen, Halten und Töten zu verbieten ist). Im Washingtoner Artenschutzabkommen (CITES) je nach Verbreitungsgebiet in Anhang I gelistet (Handel mit dieser Art und ihren Produkten international verboten) und II (somit vom kommerziellen Handel – mit Ausnahmen – ausgeschlossen). In der europäischen Artenschutzverordnung (EG-Verordnung 338/97) in Anhang A und B (entspricht einem ähnlichen Schutzstatus wie unter CITES) aufgeführt. Der Wolf wird als streng geschützte Art von gemeinschaftlichem Interesse nach FFH-Richtlinie (92/43/EWG) in Anhang IV und II (Gebietsschutz seiner Lebensräume, mit Ausnahme einiger Populationen) geführt. Der Wolf gilt als weltweit nicht gefährdet und wird daher nach der IUCN in der Kategorie »Gefährdung anzunehmen« gelistet.

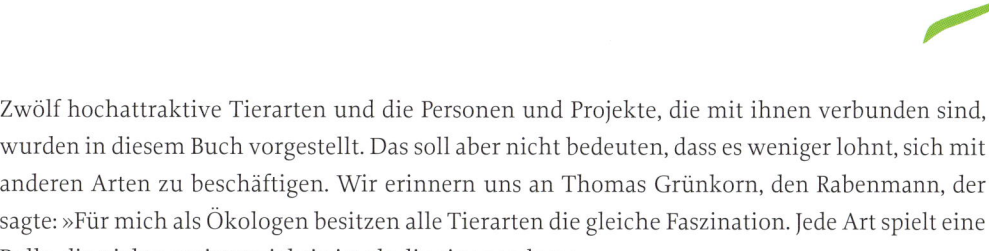

Links und schöne Aussichten

Zwölf hochattraktive Tierarten und die Personen und Projekte, die mit ihnen verbunden sind, wurden in diesem Buch vorgestellt. Das soll aber nicht bedeuten, dass es weniger lohnt, sich mit anderen Arten zu beschäftigen. Wir erinnern uns an Thomas Grünkorn, den Rabenmann, der sagte: »Für mich als Ökologen besitzen alle Tierarten die gleiche Faszination. Jede Art spielt eine Rolle, die nicht weniger wichtig ist als die einer anderen.«

Für all diejenigen, die Interesse haben, sich über die beschriebenen Arten und Projekte weitere Informationen zu holen oder das eine oder andere Gebiet zu besuchen, sind an dieser Stelle folgende Links zusammengestellt worden:

Pioniere

Tierpark Sababurg-Verwaltung
Kasinoweg 22
34369 Hofgeismar
Telefon: 0 56 71/80 01-22 51
Telefax: 0 56 71/80 01- 22 50
Der Tierpark Sababurg liegt im hessischen Reinhardswald, zwölf Kilometer nördlich von Hofgeismar und zehn Kilometer südlich von Bad Karlshafen.
Öffnungszeiten im ganzjährig geöffneten Tierpark unter www.tierpark-sababurg.de
Nähere Informationen auch unter der Tel.: 0 56 71-80 01 22 59 oder unter der E-Mail: info@tierpark-sababurg.de

WWF Deutschland-Zentrale
Rebstöcker Straße 55
Postfach 190440
60326 Frankfurt
Telefon: 0 69/79 14 40
Telefax: 0 69/61 72 21
www.wwf.de

Elbebiber

Der Biberpfad in Schnakenbek bei Lauenburg an der Elbe (Schleswig-Holstein) ist ein für die Öffentlichkeit frei zugängliches Gebiet entlang des Elbewanderweges. Informationen erteilt der Arbeitskreis Biberschutz, eine Fachgruppe des Naturschutzring Segeberg e.V. (www.biber-sh.de).
Kontakt: Björn Sander
E-Mail: sander@biber-sh.de
Telefon: 04 31/3 64 57 03

Kleiber – genießt schöne Aussichten

Schöne Aussicht auf die Elbe und den Biberpfad bietet das
Café und Restaurant »Alter Sandkrug« (www.alter-sandkrug.de).
Alte Salzstr. 34
21481 Schnakenbek
Telefon: 0 41 53/52 09 76
Telefax: 0 41 53/58 07 13
Öffnungszeiten: Mittwoch bis Sonntag von 12.00 bis 20.00 Uhr,
manchmal auch bis Sonnenuntergang; Ruhetage: Montag und Dienstag

DIE BIBERBURG – Die Website rund um den Biber (www.bibermanagement.de)
Verantwortlicher für die Webseite und Ansprechpartner:
Gerhard Schwab
Hundldorf
Deggendorfer Str. 27
94553 Mariaposching
Telefon: 0 99 06/677
Telefax: 0 99 06/94 106
E-Mail: GerhardSchwab@online.de

Weißstorch

www.the-stork-foundation.org
THE STORK FOUNDATION – Störche für unsere Kinder – möchte Lebens-
raum für den Storch, für uns und unsere Kinder erhalten.
Wie das geht, kann man auf der Internetseite der Stiftung erfahren.
Allgemeine Fragen können an die Storkenkate gerichtet werden.

Storkenkate: Preten
19273 Amt Neuhaus
Telefon: 03 88 41/2 04-12
Telefax: 03 88 41/2 04-24

Sekretariat: THE STORK FOUNDATION
Paulinenweg 12
33790 Halle (Westf.)
Telefon: 0 52 01/12-83 53
Telefax: 0 52 01/12-11 83 53

Für das Projekt Sudewiesen/Storkenkate:
Gemeindeverwaltung Amt Neuhaus
Am Markt 5
19273 Neuhaus (Elbe)
Telefon: 03 88 41/2 07 47
Telefax: 03 88 41/6 11 56
E-Mail: touristinfo@amt-neuhaus.de

Ur

www.aueroxen.de
Über den ausgestorbenen Auerochsen und seine heutigen Nachfahren
finden sich auf der Internetseite umfangreiche Informationen.

VFA – Verein zur Förderung der Auerochsenzucht e.V.
Watzmannstrasse 4
82319 Starnberg
Sitz des Vereins: 40822 Mettmann
Telefon: 0 81 51/18 91 94
Telefax: 0 81 51/18 91 95
E-Mail: wa.frisch@auerochsen.de

Unter www.abu-naturschutz.de ist viel über moderne Beweidungsprojekte
und die veränderte Fortführung der Heckrinderzucht zu erfahren.

Frisches Brot in der Gastronomie »Alter Sandkrug«

Fischotter

Das OTTER-ZENTRUM Hankensbüttel liegt am Südrand der Lüneburger Heide, im Landkreis Gifhorn.
Weitere Informationen auf www.otterzentrum.de

Aktion Fischotterschutz e.V.
OTTER-ZENTRUM
Sudendorfallee 1
29386 Hankensbüttel
Telefon: 0 58 32/98 08 0
Telefax: 0 58 32/98 08 51
E-Mail: AFS@OTTERZENTRUM.de

Elch

http://foerderverein-oberlausitz.de
Förderverein für die Natur der Oberlausitzer Heide- und
Teichlandschaft e.V.
Alte Schulstraße 8
02694 Guttau / OT Neudorf Spree
Telefon: 03 59 32/3 67 08
Telefax: 03 59 32/3 67 09

Elchführungen auf dem Elchpfad im Biosphärenreservat UNESCO-Biosphärenreservat »Oberlausitzer Heide- und Teichlandschaft« (www.biosphaerenreservat-oberlausitz.de). Falls man nichts dem Zufall überlassen möchte, kann man sich auch einer Elchführung anschließen. Jeden zweiten Samstag im Monat (außer Juli /August) werden mit dem Tierbetreuer Michael Striese von 9 bis 11 Uhr Elchführungen angeboten. Treffpunkt ist die ehemalige Kommandantur auf dem Truppenübungsplatz Dauban. Dorthin gelangt man über die Straße, welche gegenüber von der Firma Nusser in Dauban abzweigt.

Wiedehopf

Stiftung Naturlandschaften Brandenburg – Lieberose:
Der ehemalige Truppenübungsplatz Lieberose liegt etwa 90 Kilometer südöstlich von Berlin. Das Gelände ist bisher für Besucher nur wenig zugänglich. Gelegenheit für Geländeerkundung bieten geführte Exkursionen, die unter anderem auch die Oberförsterei Lieberose anbietet.

Außenstelle in Lieberose
Ansprechpartner: Dr. Heiko Schumacher, Projektleiter
Schlosshof 1
15868 Lieberose
Telefon: 03 36 71/3 27 - 88
Telefax: 03 36 71/3 27 - 89
Mobil: 01 71/45 49 47 3
E-Mail: schumacher@stiftung-nlb.de

Otterzentrum
Hankensbüttel

Wildpferd

www.koelnerzoo.de
Zoo Köln
Riehler Straße 173
50735 Köln
Telefon: 0 18 05/28 01 01
Telefax: 02 21/77 85 111
E-Mail: info@koelnerzoo.de

Przewalski-Pferde und Hirsche –
Beweidungsprojekt im Augsburger Stadtwald:
www.lpv-augsburg.de
Landschaftspflegeverband Stadt Augsburg e.V.
Dr.-Ziegenspeck-Weg 10
86161 Augsburg
Telefon: 08 21/3 24-60 54
Telefax: 08 21/3 24-60 50
E-Mail: info@lpv-augsburg.de

Informationen zu Führungen finden sich auf der Internetseite.

Wisent

Wisent-Auswilderungsprojekt im Eleonorenwald bei Meppen:
Im Rahmen eines gemeinsamen Naturschutzprojektes des Landes
Niedersachsen (NLWKN Niedersächsischer Landesbetrieb für Was-
serwirtschaft, Küsten- und Naturschutz) und der Arenberg-Meppen
GmbH sind Ende 2005 im Arenberger Wildpark Eleonorenwald
zunächst vier Wisente ausgewildert worden. Der Eleonorenwald
liegt in der Gemeinde Vrees (Ldkr. Emsland) und im Ortsteil Neuvrees
der Stadt Friesoythe (Ldkr. Cloppenburg). Nähere Informationen
dazu unter www.arenberg-meppen.de.

Uhu

Für alle Eulenfans bietet folgende Internetseite umfangreiche Informationen:
www.eulenwelt.de
Dr. Monika Kirk
Schweinfurthweg 2
22043 Hamburg
E-Mail: monika@eulenwelt.de

Die Uhus brüten auf dem »Ohlsdorfer Friedhof«, dem größten Parkfriedhof
der Erde. Über den Ohlsdorfer Friedhof und andere Hamburger Friedhöfe
erfährt man viel Wissenswertes unter www.friedhof-hamburg.de.

Luchs

Umweltbildung über
schöne Aussichten

Nationalpark Harz – Bergwildnis mitten in Deutschland:
www.nationalpark-harz.de

Das Luchsprojekt im Harz: viele Informationen über das
Wiederansiedlungsprojekt für die größte europäische Katze:
www.luchsprojekt-harz.de

Kontakt:
Nationalparkverwaltung Harz
Lindenallee 35
38855 Wernigerode
Telefon: 0 39 43/55 02-0
Telefax: 0 39 43/55 02-37
E-Mail: poststelle@nationalpark-harz.de

Nationalparkverwaltung Harz, Außenstelle Sankt Andreasberg-Oderhaus
Oderhaus 1
37444 Sankt Andreasberg
Telefon: 0 55 82/91 89-0
Telefax: 0 55 82/91 89-19
E-Mail: poststelle@npharz.niedersachsen.de

Projektkoordination / Leitung des Telemetrieprojektes:
Ole Anders
E-Mail: anders@nationalpark-harz.de

Kolkrabe

www.dda-web.de
Der Dachverband Deutscher Avifaunisten ist der Zusammenschluss aller landesweiten und regionalen ornithologischen Verbände in Deutschland. Insgesamt werden dadurch etwa 8000 bis 9000 Feldornithologen und Vogelbeobachter vertreten. Der DDA organisiert und koordiniert zahlreiche avifaunistische Erfassungsprogramme in Deutschland.

Die schönen Totempfähle, die unter anderem einen Raben wiedergeben, sind zu bewundern im Tierpark Hagenbeck Gemeinnützige Gesellschaft mbH
Lokstedter Grenzstraße 2
22527 Hamburg
Telefon: 0 40/53 00 33-0
Telefax: 0 40/53 00 33-341
www.hagenbeck-tierpark.de

Wolf

www.wolfsregion-lausitz.de
Für alle Fragen zum Wolfsvorkommen in der Lausitz und zum sächsischen Wolfsmanagement:
Kontaktbüro »Wolfsregion Lausitz«
Am Erlichthof 15
02956 Rietschen
Telefon: 03 57 72/4 67 62
Telefax: 03 57 72/ 4 67 71
E-Mail: kontaktbuero@wolfsregion-lausitz.de
Projektleiterin: Dipl. Forstwirtin Jana Schellenberg

Das Kontaktbüro »Wolfsregion Lausitz« hat seinen Sitz im Haus der Natur des Museumsdorfes Erlichthof:
www.erlichthofsiedlung.de.
Natur- und Touristinformation Erlichthof Rietschen
Turnerweg 6
02956 Rietschen
Telefon: 035772/40235
Telefax: 035772/41320
E-Mail: kontakt@erlichthof.de

Die Webseite zu Wolfsfragen, Vorträgen und mehr von Dipl.-Ing. Micha Dudek lautet: www.wolf-deutschland.de

Rechtliche Hinweise und Haftungsausschluss:

Für den Inhalt der hier aufgeführten Internetseiten sind Autor und Verlag nicht verantwortlich und machen sich diese nicht zu eigen. Es wird keinerlei Gewähr für die Aktualität, Korrektheit, Vollständigkeit oder Qualität der bereitgestellten Informationen auf diesen Seiten übernommen. Haftungsansprüche, welche sich auf Schäden materieller oder ideeller Art beziehen, die durch die Nutzung oder Nichtnutzung der dargebotenen Informationen bzw. durch die Nutzung fehlerhafter und unvollständiger Informationen verursacht wurden, sind grundsätzlich ausgeschlossen.

Danksagung

All diejenigen, die nun bei diesem Anhang angekommen sind und inzwischen zwölf Tierarten und die Personen und Projekte, die mit ihnen verbunden sind, kennengelernt haben, werden sich sicher denken können, dass ein solches Buchprojekt wie das vorliegende unmöglich ohne Mithilfe zustande kommen kann.

Daher gilt mein erster Dank meinen Interviewpartnern, in alphabetischer Reihenfolge genannt: Ole Anders, Karsten Borggräfe, Karl Görnhardt, Thomas Grünkorn, Andreas Hack, Hartmut Haupt, Claus Hektor, Monika Kirk, Janina Kuhn, Annett Lebenatus, Hans-Jürgen Niederhoff, Hans Georg Picker, Björn Sander, Jana Schellenberg, Rolf Schulz, Michael Striese und Waltraut Zimmermann.

Ein besonderer Dank gilt all jenen Menschen, die mich ebenfalls durch ihr Wissen und ihre zeitliche Investition weit über das normale Maß hinaus unterstützten, obwohl sie im Text nur mittelbar auftauchen – darum seien sie hier noch einmal besonders aufgeführt: Ulrike und Manuela Bauer ließen mich teilhaben an ihren Harzeindrücken; Silke Damm fertigte ihre Diplomarbeit in einem Teilgebiet der Elbtallandschaft und Sudeniederung an und hatte dennoch Zeit für mich, mir alles über Silbergrasfluren zu erklären; Steffen Hollerbach betreute mich und die anderen Teilnehmer auf den diesjährigen GEO-Tagen in der Sudeniederung aufopferungsvoll und machte mich auf die Wiedehopfsituation in der Lieberose aufmerksam; Hans-Ulrich Kison schrieb den ergänzenden Text zum Borkenkäfer; »Rentier«-Uwe Kunze hat mir tolle Geschichten am Lagerfeuer erzählt; Niklas Mischkowski leistet zurzeit sein »Freiwilliges Ökologisches Jahr« (FÖJ) und begleitete uns auf einer Biberexkursion; Frank Raden hat mir eine zweite Exkursion zum Wiedehopf in den Naturpark »Niederlausitzer Heidelandschaft« ermöglicht, die zeitlich eigentlich die erste war (Die Gründe, die mich zur Beschreibung der Brandenburger Wiedehopfe bewogen haben, sind ausschließlich geografischer Natur.); Anja & Annette Schmidt erzählten mir anschaulich, wie es ist, am Rande eines Nationalparks mit Luchsen zu leben; Ralf Vojtisek kümmert sich liebevoll um die Gehegeluchse im Harz und bekommt dabei ab und zu einmal Besuch von wilden Luchsen; dazu kommen viele Helfer: auch ihnen sei einmal an dieser Stelle namenlos gedankt.

Frank Barsch möchte ich für das schöne und eindrucksvolle Vorwort danken und für die Entdeckung, dass wir beide Horst Stern-Liebhaber der ersten »Stunde« sind.

Guido Roschlaub möchte ich ... nein, Guido, mein Guido: Ich höre dich lachen: »Nur nicht so förmlich.« Also gut, ich möchte dir danken für all die vielen tollen Jahre, die wir nun schon gemeinsam durch Naturlandschaften streichen – und wie selbstlos du mich in meinem Projekt unterstützt hast. Toller Kerl! – Formlos genug?

Fotos runden ein solches Buchprojekt in Ästhetik und Aussagekraft ab. Dank, Lob und meine Bewunderung gebührt den Fotografen, soweit diese noch nicht unter den Interviewpartnern aufgeführt sind: meinem Bruder Ronald Dudek, Walter Frisch, Erwin Hanselmann, die süße Laura Kobielski, Adolf Münch, Kelsey Rideout, Carsten Riepenhausen, István Sándor, Björn Schulz und Gerhard Schwab. Sie überließen mir für dieses Projekt vertrauensvoll wunderschöne, oft auch bewegende, in jedem Falle aussagekräftige Fotos aus toller Umgebung und faszinierender Landschaft. Ich danke Margret Bunzel-Drüke für das freundliche Überlassen der Grafik zur ursprünglichen Fauna Mitteleuropas, die ich sehr schön finde. Herrn Takis bewundere ich für das Anfertigen der Zeichnung von mir und meinem Wolf Mutzeman.

Ich darf mich auch bei den Kindern Lotta Hollerbach und Ronja Timm bedanken, die mir tolle Motive boten.

Manchmal geht es nicht um den einzelnen Menschen, sondern um eine ganze Institution, die es ermöglicht, dass Menschen sich gut aufgehoben fühlen, um zum Beispiel Wertvolles und Erstaunliches für den Naturschutz zu leisten. Solche Institutionen sind: Aktion Fischotter-schutz e.V. und Otter-Zentrum Hankensbüttel, Hagenbecks Tierpark, Nationalparkverwaltung Harz, Zoo Köln, Tierpark Sababurg, Verein zur Förderung der Auerochsenzucht e.V., Friedhof Ohlsdorf in Hamburg, Kreismuseum Schönebeck an der Elbe und Arbeitsgemeinschaft Biologi-scher Umweltschutz im Kreis Soest e.V. (ABU).

Dem gesamten Team vom Jan Thorbecke Verlag sei gedankt, hierbei Janina Drostel und Ute Wielandt im Besonderen. Wenn manche Autoren ihr Werk gern als eigenes Kind bezeichnen, dann scheint es verständlich, dass das Loslassen manchmal schwer fällt in Richtung Lektorat: Denn als wohlsorgender Vater möchte man, dass Kind und Buch einen ordentlichen Eindruck machen, bevor es an die Öffentlichkeit geht ... Danke für soviel Geduld!

So viel Geduld wurde einmal mehr noch übertroffen von meiner kleinen Nixe Heike. Und unsere Tochter Ronja Hermine Maja weiß auch schon, was Geduld ist, doch noch müssen wir es sein, die sie für sie aufbringen.

Quellennachweis und weiterführende Literatur

Eiszeiten

BOSINSKI, G. ET AL. (1998): Altamira. Stuttgart: Jan Thorbecke.

CHAUVET, J.-M. ET AL. (1995): Grotte Chauvet bei Vallon-Pont-d'Arc: Altsteinzeitliche Höhlenkunst im Tal der Ardeche. Stuttgart: Jan Thorbecke.

DENZAU, G., u. H. DENZAU (1999): Wildesel. Thorbecke Species 3. Stuttgart: Jan Thorbecke.

LISTER, A. (1997): Mammuts – Die Riesen der Eiszeit. Thorbecke Species 1. Sigmaringen: Jan Thorbecke.

Pioniere im Artenschutz

BUNZEL-DRÜKE, M. ET AL. (1999): Großtiere und Landschaft – Von der Praxis zur Theorie. In: GERKEN, B., u. M. GÖRNER (Hrsg.): Natur- und Kulturlandschaft 3, 210–229. Höxter: Huxaria.

BUNZEL-DRÜKE, M. ET AL. (2008): Praxisleitfaden für Ganzjahresbeweidung in Naturschutz und Landschaftsentwicklung – »Wilde Weiden«. Arbeitsgemeinschaft Biologischer Umweltschutz im Kreis Soest e.V., Bad-Sassendorf-Lohne.

GERKEN, B., u. M. GÖRNER (Hrsg., 1999): Europäische Landschaftsentwicklung mit großen Weidetieren – Geschichte, Modelle und Perspektiven. Natur- und Kulturlandschaft 3. Höxter: Huxaria.

GERKEN, B., u. M. GÖRNER (Hrsg., 2001): Neue Modelle zu Maßnahmen der Landschaftsentwicklung mit großen Pflanzenfressern – Praktische Erfahrungen bei der Umsetzung. Natur- und Kulturlandschaft 4. Höxter: Huxaria.

GERKEN, B., u. C. MEYER (Hrsg., 1996): Wo lebten Pflanzen und Tiere in der Naturlandschaft und der frühen Kulturlandschaft Europas? Natur- und Kulturlandschaft 1. Höxter: Huxaria.

PICKER, H. G. (1975): Tierpark Sababurg. Geschichte des 400jährigen »Thiergartens an der Zapfenburg«. Führer durch den Urwildpark für bedrohte Tierarten und den Kinderzoo. Emstal-Balhorn (Kassel): Lux Design.

SONNENBURG, H., u. B. GERKEN (2004): Das Hutewaldprojekt im Solling. 2. Aufl. Höxter: Huxaria.

STUBBE, M. (1998): Geschichte und Perspektiven des Säugetierschutzes. Naturschutz und Landschaftspflege in Brandenburg, Heft 1, 4–15.

Elbebiber

DISNEY, W. (1956): Im Tal der Biber. Ravensburg: Maier.

DUDEK, M. (1994): Die Elbe-Biber hat die Wanderlust ergriffen. Hamburger Abendblatt (156), Mensch und Umwelt, 29.

FRANKE, K., u. D. HEIDECKE (1998): Das Biber-Betreuernetz in Sachsen-Anhalt. Naturschutz und Landschaftspflege in Brandenburg, Heft 1, 36–37.

HARTHUN, M. (1998): Biber als Landschaftsgestalter. Einfluss des Bibers (*Castor fiber albicus* Matschie, 1907) auf die Lebensgemeinschaft von Mittelgebirgsbächen. Schriftenreihe der Horst-Rohde-Stiftung. München: Maecenata.

HEIDECKE, D. (1996): Der Biber. Die Neue Brehm-Bücherei Band 111. Hohenwarsleben: Westarp Wissenschaften.

Kalas, S., u. K. Kalas (2004): Das Biber-Kinder-Buch. Lüneburg: Findling.

Lebenatus, A. et al. (2007): Dokumentation des Elbebibervorkommens im Bereich der Elbe zwischen Lauenburg und Geesthacht. Ein Projekt von Lendita Behrens, Janina Kuhn und Annett Lebenatus. Biologie Leistungskurs 12/13. März bis Oktober 2007. Gesamtschule Geesthacht.

Reichholf, J. H. (1996): Comeback der Biber. München: dtv.

Ryden, H. (1994): Der Biberlilienteich. Frankfurt/Main: Fischer Taschenbuch.

Wäscha-Kwonnesin (1993): Sajo und die Biber. München: dtv.

Zahner, V. et al. (2005): Der Biber. Die Rückkehr der Burgherren. Oberpfalz: Buch & Kunstverlag.

Weißstorch

Bauer, H.-G. et al. (2002): Rote Liste der Brutvögel Deutschlands. 3., überarb. Fassung. 8.5.2002. Ber. Vogelschutz 39: 13–60.

Kaatz, C., u. M. Kaatz (2004): Weißstorch (Ciconia ciconia). In: Gedeon, K. et al. (Hrsg.): Brutvögel in Deutschland. 6–7. Stiftung Vogelmonitoring Deutschland, Hohenstein-Ernstthal.

Schmidt, V, u. K. Schupp (2006): Mit den Störchen unterwegs. Storch Prinzesschen auf Weltreise. Stuttgart: Kosmos.

Witt, K. et al. (1996): Rote Liste der Brutvögel Deutschlands. 2. Fassung. 1.6.1996. Ber. Vogelschutz 34: 11–35.

Ur

Vuure, C. van (2003): De Oeros. Het spoor terug. Wetenschapswinkel Wageningen UR (NL), Rapportnummer 186.

Fischotter

Festetics, A., u. C. Reuther (Hrsg., 1980): Der Fischotter in Europa – Verbreitung, Bedrohung, Erhaltung. Oderhaus und Göttingen: Selbstverlag.

Krüger, H.-H. (2006): Fischotter, Lutra lutra. Der heimliche Rückkehrer. NVN/BSH Ökoporträt 42, 1–8.

Elch

Burkart, B. et al. (2003): Der Panzerschießplatz Dauban: einige Besonderheiten. Culterra, Schriftenreihe des Instituts für Landespflege, Band 31 »Offenland und Naturschutz«. Freiburg.

Striese, M. (2003): Beitrag zur Avifauna des Panzerschießplatzes Dauban. Culterra, Schriftenreihe des Instituts für Landespflege, Band 31 »Offenland und Naturschutz«. Freiburg.

Wiedehopf

BirdLife International (2004): Birds in Europe: population estimates, trends and conservation status. BirdLife Conservation Series No. 12, BirdLife International, Wageningen (NL).

Münch, H. (1952): Der Wiedehopf. Die Neue Brehm-Bücherei Band 90. Leipzig: Geest & Portig Verlagsgesellschaft.

Oehlschlaeger, S. (2004): Wiedehopf (Upupa epops). In: Gedeon, K. et al. (Hrsg.): Brutvögel in Deutschland. 26–27. Stiftung Vogelmonitoring Deutschland, Hohenstein-Ernstthal.

Robel, D., u. T. Ryslavy (1996): Zur Verbreitung und Bestandsentwicklung des Wiedehopfes (Upupa epops) in Brandenburg. Naturschutz und Landschaftspflege in Brandenburg, Heft 4, 15–23.

Wildpferd

ZIMMERMANN, W. (2005): Przewalskipferde auf dem Weg zur Wiedereinbürgerung – Verschiedene Projekte im Vergleich. Zeitschrift des Kölner Zoo, Heft 4, 48. Jahrgang, 183–209.

Wisent

PICKER, H. G. (1988): Sababurg – Altamira. Die Rettung des vom Aussterben bedrohten Wisents. In: Kreisausschuss des Landkreises Kassel (Hrsg.): Jahrbuch '88. 37–40.

Uhu

KIRK, M. (2006): Grabwächter. Uhu-Brut an einem ungewöhnlichen Ort. Kauzbrief 18, 14. Jahrgang. Arbeitsgemeinschaft Eulenschutz im Landkreis Ludwigsburg (AGE), 22–26.

Luchs

ANDERS, O., u. P. SACHER (2005): Das Luchsprojekt Harz – ein Zwischenbericht. Naturschutz im Land Sachsen-Anhalt, 42. Jahrgang, Heft 2, 3–12.

BREITENMOSER, U., u. C. BREITENMOSER-WÜRSTEN (2008): Der Luchs. Ein Großraubtier in der Kulturlandschaft. Wohlen/Bern (CH): Salm.

FESTETICS, A. (Hrsg., 1980): Der Luchs in Europa. Verbreitung, Wiedereinbürgerung, Räuber-Beute-Beziehung. Greven: Kilda.

HOFRICHTER, R., u. E. BERGER (2004): Der Luchs. Rückkehr auf leisen Pfoten. Graz (AUT): Stocker.

KLEIN, H., u. M. WÖLFL (2000): Luchswege. Eine Geschichte aus dem Bayerischen Wald. Regensburg: MZ.

Kolkrabe

GRÜNKORN, T. (2001): Bestandsentwicklung des Kolkraben (*Corvus corax*) in Schleswig-Holstein von 1991 bis 2000. In: CONRAD, B., u. D. GLANDT (Hrsg.): Verbreitung und Biologie des Kolkraben (*Corvus corax*) in Mitteleuropa. Charadrius. Zeitschrift für Vogelkunde, Vogelschutz und Naturschutz in Nordrhein-Westfalen, 37. Jahrgang, Heft 3, 77–80.

Wolf

DUDEK, M. (1994): Über das Wiederauftreten stabiler Wolfspopulationen in Mitteleuropa. Beitrag zur Artenkunde und Naturgeschichte des Wolfes (*Canis lupus* L., 1758). Diplomarbeit an der Uni-GH Paderborn, Abt. Höxter, 88 pp.

DUDEK, M. (1999): Nahrungsökologie des Wolfes – Im Wechsel der Natur- und Kulturlandschaft. In: GERKEN, B., u. M. GÖRNER (Hrsg.): Natur- und Kulturlandschaft 3, 156–164. Höxter: Huxaria.

DUDEK, M. (2001): Von Raben und Wölfen – Eine Allianz aus Vogel und Säuger bewältigt den geistigen Landschaftswandel. In: GERKEN, B., u. M. GÖRNER (Hrsg.): Natur- und Kulturlandschaft 4, 466–474. Höxter: Huxaria.

DUDEK, M. (2003): Warum sich der Wolf (*Canis lupus* Linnaeus, 1758) in Eurasien entwickelt hat und nicht in Afrika. Zeitschrift des Kölner Zoo, Heft 3/2003, 46. Jahrgang, 119–128.

DUDEK, M., u. S. LEHMANN (2008): Wolfstagungen im Trend. Wolf Magazin 1/08, 16–19.

KLUTH, G., u. I. REINHARDT (2007): Leben mit Wölfen. Leitfaden für den Umgang mit einer konfliktträchtigen Tierart in Deutschland. BfN-Skripten 201. 180 pp.

RADINGER, E. H. (2004): Die Wölfe von Yellowstone. Worpswede: von Döllen.

SCHMIDT, A. (2007): Wolfsmanagement in Deutschland. Diplomarbeit an der TU Berlin, Studiengang Landschaftsplanung. 48 pp.

ZIMEN, E. (1978): Der Wolf. Mythos und Verhalten. München: Meyster.

Bildnachweis

Adolf Münch: 98

Aktion Fischotterschutz e.V.: 51, 53 oben

Andreas Hack: 35

Björn Schulz: 29

Carsten Riepenhausen: 62/63

Erwin Hanselmann: 106, 115 oben, 116, 135, 136/137

Gerhard Schwab: 22, 24

Guido Roschlaub: 60, 61, 65, 66, 67, 88, 89, 90, 91, 138, 141, 146

Heike Pankow: 34

István Sándor: 77

Kelsey Rideout: 87

Kreismuseum Schönebeck: 23

Laura Kobielski: 57, 58

Margret Bunzel-Drüke: 15

Micha Dudek: 12, 13, 18, 25, 26, 28, 30, 32, 33 oben und unten,
    37, 40, 43, 44, 53 unten, 54, 68/69, 70, 71, 73, 92, 95, 113, 129, 151

Micha Dudek, mit freundlicher Genehmigung des Tierparks Sababurg:
    20, 93, 94, 97, 102

Micha Dudek, mit freundlicher Genehmigung der Familie Hollerbach,
    The Stork Foundation – Störche für unsere Kinder – Storchenkate: 39

Micha Dudek, mit freundlicher Genehmigung der Aktion
    Fischotterschutz e.V.: 49, 56, 149

Micha Dudek, mit freundlicher Genehmigung der Kölner Zoo AG: 74, 79

Micha Dudek, mit freundlicher Genehmigung der Nationalpark-
    verwaltung Harz: 104, 109, 114

Micha Dudek, mit freundlicher Genehmigung von Hagenbecks Tierpark,
    Hamburg: 115 unten

Micha Dudek, mit freundlicher Genehmigung der Familie Pahl: 148

Monika Kirk: 99, 100, 101, 103

Ole Anders: 111, 112

Ronald Dudek: 5, 96, 105, 126, 127, 131, 132, 143

Takis: 9

Thomas Grünkorn: 119, 120, 121, 122, 124

Walter Frisch: 14, 41, 42, 45, 47

Waltraut Zimmermann: 75, 78, 81, 82, 85

Autor und Verlag danken allen Rechteinhabern für die freundliche
Genehmigung zum Nachdruck.